U0876588

TBM应对不良地质处置作业指南

李建斌　编著
卓普周　审

人民交通出版社股份有限公司
China Communications Press Co.,Ltd.

内 容 提 要

以川藏铁路即将开工建设为背景,本书针对TBM施工所面临的不良地质、极端环境等工程难题,结合以往典型隧道项目的TBM施工案例,对极端复杂地质条件下的TBM施工应对措施、方案和效果进行总结分析,为川藏铁路隧道工程的筹备提供重要施工技术参考。本书共分4章:第1章为TBM施工不良地质环境与应对措施,列举了TBM隧道施工过程中遇到的较为典型的不良地质,重点介绍各类不良地质的主要特点、施工重难点及技术应对措施;第2章为TBM极端施工环境,介绍了高地温、高寒、高海拔和高水压等极端施工环境的主要特点,论述了各类极端施工环境下TBM施工重难点、把控要点及技术应对措施;第3章为TBM施工应急措施,介绍了在TBM施工过程中遇到重大地质灾害或重大险情时紧急停机、人员撤离和隧道救援等现场应急处理措施及操作要点;第4章为TBM施工案例介绍,列举了国内外已完成或在建的较为典型的TBM施工重难点隧道工程。

图书在版编目(CIP)数据

TBM应对不良地质处置作业指南 / 李建斌编著. —北京:人民交通出版社股份有限公司,2019.8
ISBN 978-7-114-15748-6

Ⅰ.①T… Ⅱ.①李… Ⅲ.①隧道施工—盾构法—指南 Ⅳ.①U455.43-62

中国版本图书馆CIP数据核字(2019)第154890号

书　　名:TBM应对不良地质处置作业指南
著 作 者:李建斌
责任编辑:张维青　朱明周
责任校对:张　贺
责任印制:张　凯
出版发行:人民交通出版社股份有限公司
地　　址:(100011)北京市朝阳区安定门外外馆斜街3号
网　　址:http://www.ccpress.com.cn
销售电话:(010)59757973
总 经 销:人民交通出版社股份有限公司发行部
经　　销:各地新华书店
印　　刷:大厂回族自治县正兴印务有限公司
开　　本:787×1092　1/16
印　　张:8.25
字　　数:182千
版　　次:2019年8月　第1版
印　　次:2019年8月　第1次印刷
书　　号:ISBN 978-7-114-15748-6
定　　价:40元
(有印刷、装订质量问题的图书由本公司负责调换)

前　言

随着隧道掘进机制造技术水平的不断提高,国内越来越多的长大隧道采用TBM(全断面隧道掘进机)代替传统的钻爆法施工,TBM施工与装备制造技术在中国已经渡过初期尝试与探索阶段。因采用TBM修筑隧道在工期、质量、安全等方面的优势明显,国内的铁路、公路、水利等长大隧道施工对TBM的需求正在迅猛增长,国产TBM研发制造已完全打破国外进口的桎梏,国内装备制造企业正在向引领世界隧道掘进机发展的方向迈进。当前采用TBM施工的隧道断面逐渐增大,长度不断加长,穿越的地质也越来越复杂,面临的极端施工环境挑战层出不穷。尤其是西康铁路秦岭隧道、南疆铁路中天山隧道、兰渝铁路西秦岭隧道和大瑞铁路高黎贡山隧道等铁路隧道项目,大伙房水库输水隧洞、辽西北供水工程、新疆EH引水工程等大型机械化设备集群化管理工程项目的实施,为川藏铁路施工建设奠定了技术基础和条件。

川藏铁路依次经过四川盆地、川西高山峡谷区、川西高山原区、藏东南横断山区、藏南谷底区等5个地貌单元,穿越大山大河、高寒缺氧、地震带、破碎带、地热、暗河等复杂环境,在一项铁路工程一次性规划如此众多的高海拔特长隧道实属世界罕见。隧道施工将面临高地应力、高地(岩、水)温、高烈度地震及深大活动断裂带等地质难题。隧道修建是门实践性很强的专业,许多宝贵的结论和处理方法大多来源于工程实践,需要高层次人才深入到工程一线,结合工程实际解决各类施工难题,才能实现理论与技术的重大突破。川藏铁路修建所面临的挑战和困难是空前的,采用TBM施工是解决上述难题的有效途径之一,需要全面总结以往TBM施工的成功经验与失败教训,并通过强化培训和交流,针对重点问题优化施工解决方案,提升现场作业水平和应对能力。

本书主要阐述了采用掘进机法施工的隧道工程在不良地质和极端环境条件下施工把控要点与应对措施,总结了多年来掘进机法施工的经验和成果,与川藏铁路等重大工程面临的极端环境条件和新挑战充分结合,是采用掘进机法施工隧道应对不良地质和极端环境条件的一部全面、系统、专业的著作,旨在抛砖引玉,共同应对川藏铁路这一世纪挑战。本书可供川藏铁路TBM隧道施工相关技术人员和管理人员培训使用,也可作为TBM隧道施工工程技术人员、设备操作与管理人员工作参考用书。

本书在编写过程中得到了隧道施工及工程装备行业各领域专家的支持和帮助,参与本书编写的人员还有徐军哲、廖小春、赵华、孙晋永、孙恒、王杜娟、贾连辉、刘永安、杨路帆、贺飞、宁向可、陶磊、刘建峰、施云龙、孙志洪、张啸、陈宝宗、李龙飞、陶仁太、张永生、邹雪成、张文艳、程绍磊、王宁、陈玲、李倩倩等,在此一并向他们致以诚挚的感谢!由于时间仓促且参与人员较多,疏误之处在所难免,敬请专家和读者批评指正。

作者

2019年8月

目　　录

第1章　TBM施工不良地质环境与应对措施

TBM施工面临的不良地质环境主要有：岩爆地层、大变形围岩、蚀变岩、断层破碎带、突泥突水、岩溶、有毒易爆气体等。

1.1　岩爆地层

岩爆是指由于外界活动等因素导致岩体内部储存的能量突然释放，岩石爆裂并猛烈弹射的现象，对工程施工安全危害极大。

1.1.1　岩爆发生的机理和分类

岩爆按发生条件和机理可以分为三大类型，即应变型岩爆、断裂滑移型岩爆以及岩柱型岩爆。

应变型岩爆发生的机理是岩体内的地应力超过了岩石自身的强度而发生剧烈破坏。

断裂滑移型岩爆发生的机理是断裂构造受到高应力作用以后发生滑移错动，导致能量释放冲击围岩造成围岩破坏。

岩柱型岩爆发生的机理是地下挖掘后残留岩（矿）柱受到的荷载不断增大，当荷载超过岩（矿）柱的承载力时，发生突然破坏。

1.1.2　岩爆等级划分

按照《铁路隧道设计规范》（TB 10003—2016/J 449—2016），岩爆可以分为4级，详见表1.1-1。

岩爆分级表　　表1.1-1

岩爆分级表	岩石强度压力比 R_c/σ_{max}	分级描述
轻微	4~7	围岩表面有爆裂、剥离现象，内部有噼啪、撕裂声，人耳偶尔可听到，无弹射现象；主要表现为洞顶的劈裂~松脱破坏和侧壁的劈裂~松脱、隆起等；岩爆零星间隔发生，影响深度小于0.5m；对施工影响小
中等	2~4	围岩爆裂、剥离现象较严重，有少量弹射，破坏范围明显；有类似雷管爆破的清脆爆裂声，人耳常可听到围岩内的撕裂声；有一定持续时间，影响深度0.5~1m；对施工有一定影响
强烈	1~2	围岩大片爆裂脱落，出现强烈弹射，发生岩块的抛射及岩粉喷射现象；有类似爆破的爆裂声，声响强烈；持续时间长，并向围岩深部发展，破坏范围和块度大，影响深度1~3m；对施工影响大

续上表

岩爆分级表	岩石强度压力比 R_c/σ_{max}	分级描述
极强	<1	围岩大片严重爆裂,大块岩片出现剧烈弹射,震动强烈,有似炮弹闷雷声,声响剧烈;迅速向围岩深部发展,破坏范围和块度大,影响深度大于3m;严重影响施工

注:1.岩爆判别适用于完整~较完整的中硬、坚硬岩体,且无地下水活动的地段。

2. R_c 为岩石饱和单轴抗压强度(MPa),σ_{max} 为最大地应力。

1.1.3 岩爆段掘进法施工原则

隧道施工中可能发生岩爆时,应遵循“以防为主、防治结合”的原则,对开挖面前方的围岩特性、水文地质情况等进行预测、预报,当发现有较强烈岩爆存在的可能时,应及时研究施工对策措施,做好必要准备。

1.1.4 敞开式 TBM 应对岩爆的措施

敞开式 TBM 采用下列手段应对岩爆:

(1)岩爆段地质预报

在岩爆隧道施工过程中,应采取下列方法进行地质预报:

①做好开挖面及其附近的观察预报,通过地质观察、素描,分析岩石的“动态特征”,主要包括岩体内部发生的各种声响和局部岩体表面的剥落等。

②采用工程地质类比法进行宏观预报。

③采用微震监测系统对岩爆进行现场预报。

(2)岩爆应对措施

应根据岩爆强度大小进行分级,针对不同的岩爆级别采取相应技术措施。

针对轻微岩爆地段,在施工时,采取下列措施处理:

①加大刀盘喷水量,促使应力释放和调整。

②采取锚杆钢筋网(小网格网片)加格栅拱架的支护方式。

③做好岩爆现象记录。

针对中等岩爆地段,除采取上述措施外,还可:

①采用水胀锚杆,长度 3.0m 以上。

②采用加强型钢筋网和钢筋排支护。

③采用钢拱架支护。

④降低 TBM 掘进速度。

⑤喷射 5cm 厚混凝土封闭岩面。

针对强烈或极强岩爆地段,除采取上述措施外,还可:

①增加锚杆长度。

②采用柔性钢拱架支护。

③网喷钢纤维混凝土。

④施作超前锚杆。

⑤部分范围使用吸能缓冲支护。

⑥在顶部使用中空预应力锚杆。

⑦按间距 1.0~1.5m，打 2.5m 深的应力释放孔。

⑧使用双刀盘方式，提前小断面掘进，超前人工爆破释放应力。

⑨向孔内喷灌高压水，软化围岩，以释放部分地应力。

⑩降低掘进速度。

⑪根据微震监测结果在高风险区域采用强支护。

(3)岩爆处理措施

隧道施工中，一旦发生岩爆，应立即采取下列处理措施：

①加强对人员和设备的保护措施，如设置防护棚、戴钢盔、穿防护背心等。

②进行工作面的观察，做好各项记录，如岩爆的位置、强度、类型、数量等。

③安排专职人员清除岩爆后的松动石块，加强巡回检查和危石处理，杜绝崩落的岩石砸坏设备或伤害人员现象发生。

1.1.5　护盾式 TBM 应对岩爆的措施

护盾式 TBM 岩爆防控的原则、预报和处理措施与敞开式 TBM 一致，但是由于支护方式的不同，护盾式 TBM 应对岩爆的具体方式有所不同。

轻微和中等岩爆地段：

①加大刀盘喷水量，促使应力释放和调整。

②及时回填豆砾石和壁后灌浆。

③做好岩爆现象记录。

④降低掘进速度。

⑤局部区域可增强管片的配筋、提高混凝土强度。

强烈和极强岩爆地段，除采取上述措施外，还可以：

①进一步降低掘进速度。

②按间距 1.0~1.5m，打 2.5m 深的应力释放孔。

③可使用双刀盘方式，提前小断面掘进、超前人工爆破释放应力。

④向孔内喷灌高压水，软化围岩，以释放部分地应力。

⑤根据微震监测结果在高风险区域采用重型管片或钢管片、钢-混管片。

1.2　围岩大变形

围岩大变形是指地下隧道或洞室周围岩体发生的形状与体积的变化及洞壁的变位，是围岩发生流变、蠕变、徐变、位移、沉降及底鼓的总称，容易造成施工困难、延误工期、工程成本增加，甚至造成工程终止。

1.2.1　围岩大变形的机理和分类

围岩大变形按其发生条件和机理可以分为三大类型，即深部岩体隧道围岩的大变形、开挖引起隧道的大变形和膨胀性软岩隧道围岩的大变形。

围岩大变形是由外界因素(例如应力的变化)的作用引起的。在岩体内开挖隧道或洞室时,原来处于平衡状态的岩体发生了应力变化,即圈岩应力释放。在应力释放所影响的范围内围岩回弹,形成一个回弹区;在紧靠洞周的一定范围内,围岩变形而使岩体松动,形成一个松动区。破碎区、松动区和回弹区是围岩大变形最显著的特征。

1.2.2 围岩大变形等级划分

按照《铁路隧道设计规范》(TB 10003—2016/J 449—2016),软岩大变形可以分为3级,详见表1.2-1。

大变形分级表 表1.2-1

大变形等级	岩石强度应力比 R_c/σ_{max}	分级描述
Ⅰ级	0.25~0.5	开挖后围岩位移较大,持续时间较长;一般支护开裂或破损较严重,相对变形量3%~5%,围岩自稳时间短,以塑流型、弯曲型、滑移型变形为主,兼有剪切型变形
Ⅱ级	0.15~0.25	开挖后围岩位移大,持续时间长;一般支护开裂或破损严重,相对变形量5%~8%,洞底有隆起现象,围岩自稳时间很短,以塑流型、弯曲型变形为主
Ⅲ级	<0.15	开挖后围岩位移很大,持续时间很长;一般支护开裂或破损很严重,相对变形量大于8%,洞底有明显隆起现象,流变特征很明显,围岩自稳时间很短,以塑流型为主

注:1. R_c 为岩石饱和单轴抗压强度(MPa),σ_{max} 为最大地应力。
2.相对变形量为变形量与隧道当量半径之比。

1.2.3 围岩大变形段掘进法施工原则

围岩大变形隧道的施工方法,应根据围岩膨胀、收敛的特性,并结合施工条件、围岩稳定情况、地下水活动状况等因素综合决定。

围岩大变形隧道的防排水,应采用以防为主,防、截、堵、排相结合的原则,结合当地的气象、水文、地质条件,因地制宜。敞开式掘进机施工时应采用弹性软式透水管,将水归入沟槽,引排至洞内水沟。

围岩大变形隧道的最终衬砌应在围岩变形基本稳定、变形速度小于0.5mm/d后进行。当衬砌混凝土的强度达到设计强度的100%时,方可拆模。

1.2.4 敞开式TBM应对围岩大变形的措施

(1)围岩大变形段地质预报

在围岩大变形隧道施工过程中,应采取下列方法进行地质预报:

①开挖面及其附近的观察预报。通过地质观察、素描,分析岩石与TBM之间的"动态特征",主要包括岩体与刀盘、盾体间隙、顶护盾油缸行程的变化、TBM推力变化、出渣的变化等。

②采用工程地质类比法进行宏观预报。

③采用超前取芯钻机现场预报。

(2)围岩大变形应对措施

应根据变形程度分级,针对不同级别的围岩大变形采取有针对性的技术措施。

Ⅰ级大变形地段,可采用下列措施处理:

①刀盘扩挖,增加围岩与盾体间的间隙。

②安装钢拱架抵御变形。

③及时喷混凝土封闭围岩。

④安装钢筋网或钢筋排。

Ⅱ级大变形地段,除采取上述措施外,还可:

①加大刀盘扩挖量。

②采用柔性钢拱架支护。

③增加锚杆长度。

④使用大刀盘驱动扭矩,使刀盘具备较强脱困能力。

⑤使用大推力,使推进系统具备较强防卡脱困能力。

⑥采用水胀锚杆支护。

Ⅲ级大变形地段,除采取上述措施外,还可:

①增加锚杆长度。

②采用长锚索。

③安装钢管片抵御变形。

④通过超前钻机对围岩进行加固,减少变形量。

⑤人工开挖解决刀盘或盾体被卡。

1.2.5　护盾式 TBM 应对围岩大变形的措施

护盾式 TBM 大变形防控的原则、预报和处理措施与敞开式 TBM 一致,但是由于支护方式不同,护盾式 TBM 应对大变形的具体方式有所不同。

Ⅰ级大变形地段,可采用下列措施处理:

①刀盘扩挖,增加围岩与盾体间的间隙。

②增加刀盘偏心量以增加盾体与围岩间的间隙。

③采用台阶形盾体设计,逐次加大盾体与围岩间的间隙。

④提高管片强度抵御剩余变形。

Ⅱ级大变形地段,除采取上述措施外,还可:

①加大刀盘扩挖量。

②采用刀盘驱动扭矩箱设计,实现实时、任何范围的扩挖。

③使用大刀盘驱动扭矩,使刀盘具备较强脱困能力。

④使用大推力,使推进系统具备较强防卡脱困能力。

⑤盾体设有径向润滑孔,可注入触变润滑泥浆降低盾体与围岩间的摩擦。

⑥采用钢管片抵御变形。

Ⅲ级大变形地段,除采取上述措施外,还可:

①通过超前钻机对围岩进行加固,减少变形量。

②在管片衬砌内部增加二衬或钢拱架提高强度。

③人工开挖解决刀盘或盾体被卡。

1.3 蚀　变　岩

地壳内部存在大量热液流体,当这些流体沿着一定的通道进入到成分和物理化学条件与其有很大差异的岩石体系后,便会与之发生化学反应,使得这些岩石的化学成分、矿物成分以及结构构造都发生很大变化,形成新的岩石,这一过程被称为蚀变作用,所形成的新岩石称为蚀变岩。

蚀变岩为低吸水率的弱膨胀性岩石,其强度、变形特性受蚀变程度、风化程度及岩石性质共同影响,表现为:随蚀变程度的增强,抗压强度、抗剪强度及模量值降低,峰值应变量及泊松比则增加;蚀变程度相同时,蚀变岩强度值与模量值受风化程度的控制,风化程度越高,强度、模量值越低;蚀变、风化程度均相同的蚀变岩,其强度、模量值受蚀变岩性质的影响,蚀变作用以降低岩石的黏聚力为主;水对蚀变岩的作用也是以降低黏聚力为主,随蚀变程度的增加,水的弱化作用增强。

按照岩石蚀变、风化特征可将蚀变岩划分成五类:Ⅰ类强蚀变、强风化,Ⅱ类强蚀变、中风化,Ⅲ类强蚀变、微风化,Ⅳ类中蚀变、微风化,Ⅴ类弱蚀变、微风化。详见表 1.3-1。

蚀变岩分类　　表 1.3-1

蚀变岩类	蚀变程度	风化程度	空隙率(%)	结构特征	岩石坚硬程度
Ⅰ类	强	强	>15	结构疏松、孔洞状不等粒结构	软岩~较软岩
Ⅱ类	强	中	10~15	少孔~孔洞状不等粒结构	较软岩
Ⅲ类	强	微	5~10	块状~少孔状不等粒结构	较软岩~硬岩
Ⅳ类	中	微	<5	块状不等粒结构	硬岩
Ⅴ类	弱	微	<1	块状结构	硬岩

1.3.1 蚀变岩对施工的影响

TBM 可轻松应对Ⅳ、Ⅴ类蚀变岩,而在穿越Ⅰ~Ⅲ类蚀变岩时,因岩石强度低、吸水膨胀速率大等特点,常伴随突(涌)水、塌方、挤压变形、流沙等不良地质,直接影响工程施工的安全和后续运营的稳定。

1.3.2 蚀变岩处理方案

Ⅰ~Ⅲ类强蚀变、强分化岩石,岩体破碎,表现为围岩失稳、易塌方、易挤压变形、易流沙、易突泥涌水等,造成刀盘、护盾卡机停机,支护工作加大、施工强度增加。

针对强蚀变岩洞段掌子面和护盾位置形成大面积塌方或流沙,TBM 掘进和支护均无法施作,且存在卡机危险,制定以下处理流程(图 1.3-1):

①对坍塌部位进行超前预注浆,待围岩固结后再开始掘进。

②TBM 施工时,通过调整型钢拱架的间距、增加钢筋排和钢板、L1 区喷混来增加初期支护强度。

③在坍塌部位预埋注浆管,待后续回填注浆处理。

④必要时,需进行围岩变形监测。

图 1.3-1　强蚀变岩洞段处理流程

1.3.2.1　护盾部位注浆加固方案

(1)施作注浆锚杆

由于护盾上方坍塌体堆积,普通注浆锚杆施作比较困难,可采用自进式中空注浆锚杆,在护盾尾部斜向上前方布设,注浆锚杆的间排距在 0.8~1m,杆体上注浆孔孔径为 6~8mm,梅花形布设。顶拱锚杆布设见图 1.3-2,顶拱锚杆布设范围见图 1.3-3。

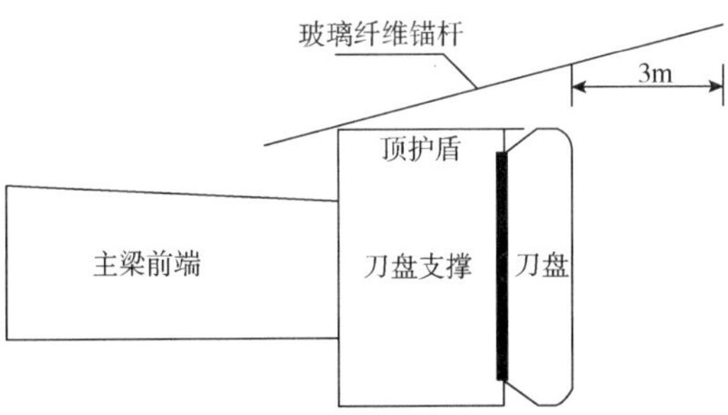

图 1.3-2　顶拱锚杆布设示意图

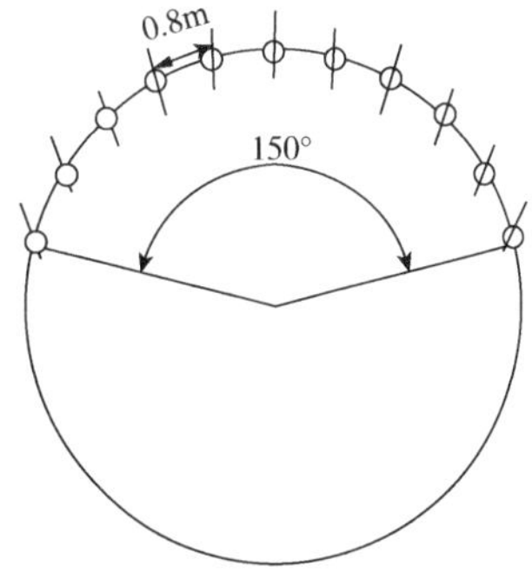

图 1.3-3　顶拱锚杆布设范围示意图

(2)超前喷混封闭

为保证注浆效果,锚杆施作完成后需通过超前喷混对注浆管位置进行封闭,喷射厚度大于 10cm。

(3)化学灌浆

采用气动注浆泵进行化学灌浆。护盾位置注浆加固主要作用是固结护盾上方坍塌体,避免坍塌体掉落。考虑到撑靴工作要求,固结强度不低于 3MPa 即可,注浆压力控制在3~8MPa。

1.3.2.2　掌子面注浆加固方案

(1)施作注浆锚杆

由于普通自进式中空注浆锚杆在 TBM 掘进过程中会对刀盘形成严重损坏,因此掌子面注浆采用玻璃纤维自进式中空注浆锚杆,通过刀孔和人孔向掌子面施作。锚杆长度根据刀盘内空间和锚杆具体施作位置确定,间排距取 1~1.5m 为宜。

(2)化学灌浆

采用气动注浆泵进行化学灌浆,掌子面注浆加固主要作用是固结掌子面坍塌体和堵水,因此固结强度要求不高。以坍塌体固结或无流沙涌出作为注浆控制指标。注浆压力一般控制在 5~10MPa。掌子面锚杆布设及注浆效果如图 1.3-4~图 1.3-6 所示。

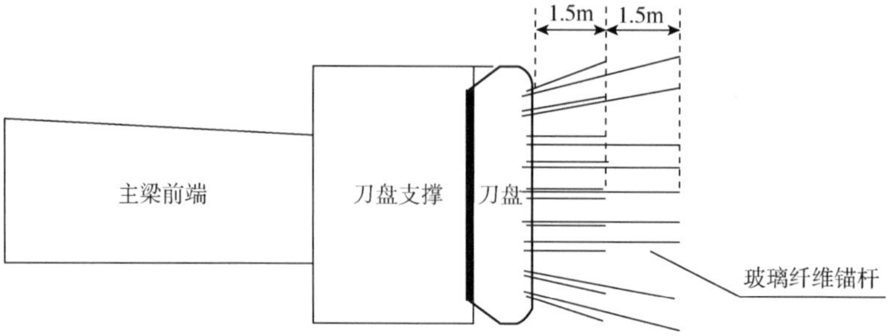

图 1.3-4　刀盘前部锚杆布设示意图

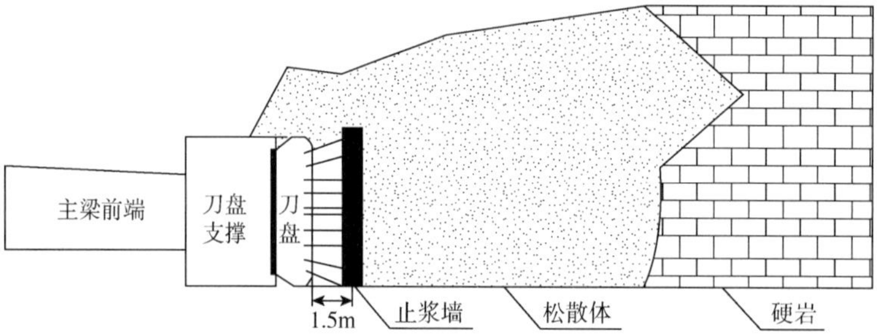

图 1.3-5　止浆墙效果示意图

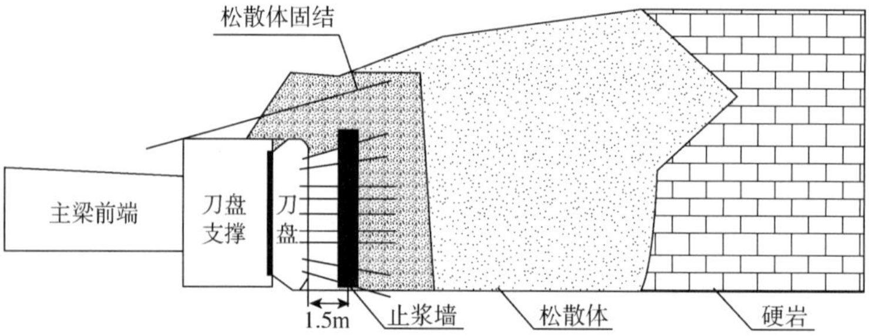

图 1.3-6　化学灌浆后效果示意图

1.4　断层破碎带

断层破碎带是指地壳受力发生断裂，沿破裂面两侧岩块发生显著相对位移，在岩体中形成具有一定宽度和相当延伸长度的非单一裂缝组成的破碎条带地段。由断层所生成的破碎带含有断层角砾岩、碎裂岩、糜棱岩或断层泥等。隧道及地下工程在通过断层破碎带时，常发生严重坍方、冒顶、涌水，甚至山体滑动，危害极大。

1.4.1　断层破碎带成因和分类

断层破碎带是构造活动造成地层发生拉张性或挤压性破碎的区域，两盘破碎产生的各种岩块等物质充填在发生断裂的断层面之间的空隙中，后期发生胶结，形成断面充填物。

断层破碎带的类型有：

①结构对称的断层破碎带。断层破碎带结构发育完整，派生裂缝-断面充填物-派生裂缝以断面为中心对称分布。

②结构不对称的断层破碎带。由派生裂缝和断面充填物组成的结构不对称的断层破碎带。

③结构不完整的断层破碎带。断层破碎带结构不完整，可进一步细分为只发育派生裂缝的断层破碎带和仅发育断面充填物的断层破碎带。

④结构复杂的断层破碎带。断层破碎带太复杂，难以区分类型，派生裂缝或断面充填物均不发育，断层破碎带厚度为零，这种情况在张性断裂发育区非常少见。

1.4.2　断层破碎带超前地质预报

在断层破碎带进行隧道施工过程中，应采取下列方法进行地质预报：

①观察开挖面及其附近岩面进行预测、预报。

②通过掘进时 TBM 推力扭矩的变化进行预测、预报。

③通过掘进时出渣的变化进行预测、预报。

④采用工程地质类比法进行宏观预报。

⑤通过 TBM 搭载声波、地震波、电法超前探测系统进行预测、预报。

⑥采用超前钻进数据或取芯钻机进行预测、预报。

1.4.3　敞开式 TBM 应对断层破碎带的措施

(1)施工要求

敞开式 TBM 在断层破碎带施工时，应按下列要求进行作业：

①减缓掘进速度，必要时停机进行围岩加固或超前支护处理后，再行推进。

②洞壁发生小规模岩石剥落现象时，可在不停止掘进情况下，进行初期支护作业。

③节理密集带或中等规模断层破碎带处发生较大规模的岩石塌落现象，应停止掘进，及时进行初期支护。

④大规模的断层破碎带处，应停止掘进，对围岩进行超前加固或超前支护。

⑤采用人工喷混凝土时，喷射混凝土必须从填充岩面空洞、裂缝开始。在钢拱架地段，钢架与围岩之间空隙必须用喷射混凝土填充密实，及时包裹钢拱架。

⑥对富水软弱破碎围岩，应采取防排水措施。预加固施工中一般可先采用超前钻孔排水、注浆堵水措施。

⑦根据掘进参数的变化可以推断前方围岩的变化情况，合理选择和调整掘进参数。

⑧TBM 施工过程中，通过各种不同的支护形式，支顶岩石、限制落石或对可能坍塌岩石进行预加固，主要支护形式有：全圆钢支撑体系支护，辅助网片和钢筋棚架；锚网喷支护体系，辅助格栅钢架和槽钢钢架。

(2)撑靴塌陷处理措施

撑靴塌陷应按下列要求进行作业：

①由于节理或岩石破碎，造成撑靴处岩石坍塌，撑靴悬空无法提供掘进反力，此时需调整

撑靴纵向位置,也可在撑靴没到达前灌注速凝混凝土或用背材填塞牢固。在允许的情况下也可放弃一个支撑进行掘进,但必须控制掘进推力。

②针对撑靴部位由于围岩抗压强度不能提供足够的撑靴反力,而易造成撑靴打滑,撑靴部位二次扰动,变形过大,采取如下对策:塌陷部位出护盾后立即对此部位进行铺设钢筋网、喷射混凝土支护作业,增加抗压强度,提高承载力;调整撑靴压力来减少对围岩的扰动。

③由于围岩软弱,造成掘进机在行进时撑靴部位打滑,围岩二次扰动,出现更大的坍塌,对此采取的措施是:当剥落在 15cm 以内时,采取喷射混凝土封闭并喷平,以便掘进机撑靴通过;坍腔深 15cm 以上时,首先采用湿喷系统封闭围岩,然后利用已经架立的钢拱架立模灌注混凝土,填平坍腔,有效控制临空面的继续扩大,防止造成更大范围的坍塌,同时也可保证掘进机的撑靴顺利通过而不挤压拱架。

④在软弱围岩下,撑靴压力不宜太高,否则,可能压破洞壁岩石,造成坍落。撑靴压力的大小取决于洞壁岩石的完整性及饱和抗压强度。撑靴压力控制在软岩强度的 0.7~0.8 倍即可。撑靴至少保证一半面积撑紧洞壁。撑靴压力的大小及支撑数量的多少,决定了 TBM 的推进速度的快慢。掘进中,若撑靴压力变小,应及时补压。

⑤在软弱围岩下,刀盘扭矩过大,易产生机身滚动、撑靴打滑。撑靴支撑面积约一半时,扭矩控制在 40%左右;撑靴面全部支撑时,扭矩控制在 75%左右。

⑥撑靴打滑时,应立即停止掘进,重新换步或加强打滑的撑靴部位的支护强度,进行调向然后再次掘进。

⑦在软弱围岩下,如果撑靴支撑面积约一半时,刀盘推力必须控制在额定推力的 0.6~0.7 倍;如果撑靴全部支撑,刀盘推力应控制在额定推力的 0.8~0.85 倍。否则,可能导致撑靴打滑或损坏刀具。

(3)前方坍塌处理措施

掘进机在前方坍塌掘进施工时,应按下列要求进行作业:

①在掘进过程中,如遇皮带机上出渣量突然增大,渣体破碎且伴有大石块,应判断为刀盘前部出现塌体,主机室仪表显示皮带机上压力增高,刀盘扭矩增大,此时应降低推进速度,或原地转刀盘出渣,非紧急停机情况,不得停止转刀盘。循环结束后,不能过多地退刀盘,按正常掘进退刀盘 2~3cm,以防刀盘前部出现大空隙,塌体扩大。刀盘转动停止后,应进入刀盘内部检查塌体情况,必须有专人在控制室值班,确保安全。

②掘进过程中如遇断层造成坍塌,形成空洞,则一方面采用全圆钢支撑体系支护,另一方面,及时在空洞中穿入钢板形成喷灌模,并喷灌速凝混凝土,防止岩石继续坍塌。

③刀盘启动采用液压辅助驱动,在确定刀盘能够转动起来后,采用低速(2.7r/min)溜渣或掘进,掘进速度控制在最高速度的 30%以内,根据掘进速度与出渣情况的匹配程度进行调整。

④刀盘所有护盾处于撑出浮动状态。

⑤预测到刀盘前方石质松软破碎时,应停止刀盘喷水,刀盘不能非正常后退。空转刀盘清渣,刀盘转动后,即可向前慢速推进(半速或液压辅助驱动方式)。

⑥当坍塌发生在刀盘正前方,周边围岩稳定性较好时,可继续低速掘进。

⑦如果围岩恶性变形,产生的剥落无法正常通过出渣系统排出,此时在护盾后增加一套人工辅助皮带机出渣系统,以缩短清渣时间、提高仰拱块的铺设速度,从而达到缩短工序时

间、提高软弱围岩中的掘进速度的目的。

⑧遇坍塌时应选择合理的掘进参数,减少对围岩的扰动,减少剥落和坍塌。

⑨采取改进施工工艺、增强设备适应能力等行之有效的措施加快施工进度。

⑩依托新奥法原理及时施作锚喷柔性支护,并允许围岩有一定的变形,充分利用围岩自身的承载力,达到支护和围岩共同受力的目的。

⑪采用完善的量测监控技术,进行动态施工管理。

(4)拱脚滑塌处理措施

TBM 在拱脚滑塌处掘进施工时,应按下列要求进行作业:

①先通过,通过后及时支护;对于严重破碎(剥落较多,易出现坍塌)的情况,建议采用预加固,然后掘进并及时支护。遵循宁强勿弱、一次到位的施工支护原则。

②针对软弱围岩的特点,通过超前小导管注浆加固刀盘前面及护盾上方围岩,提高围岩自稳能力,有效控制围岩出护盾前的变形。

③围岩出护盾后及时初喷混凝土,封闭围岩,将围岩的收敛变形减少到最低限度。

④由于围岩松动范围的扩大,使围岩的稳定性降低,衬砌后须及时进行固结灌浆。

1.4.4　护盾式 TBM 应对断层破碎带的措施

护盾式 TBM 应对断层破碎带的原则、预报和处理措施与敞开式 TBM 一致,但是由于支护方式的不同,护盾式 TBM 应对断层破碎带的具体方式有所不同。

断层破碎带围岩自稳性较好时,在施工时可采用下列措施:

①采用双护盾模式掘进。

②控制掘进速度,降低刀盘转速和推力,减少滚刀异常损坏和对开挖面的扰动。

③刀盘适当扩挖,增加围岩与盾体间的间隙。

④及时回填豆砾石和灌浆,稳定围岩。

断层破碎带围岩自稳性较差时,除上面的措施外,还可采用下列措施:

①采用双护盾模式半行程掘进。

②采用单护盾模式掘进,但是保留主推进油缸伸出一半行程。

断层破碎带围岩自稳性非常差时,可采用下列措施处理:

①采用超前注浆、管棚、小导管加固周边围岩和前方开挖面。

②采用重型管片。

③人工开挖导洞加固后掘进通过。

1.5　突(涌)水

1.5.1　突(涌)水对施工的影响

地下突(涌)水没有明显的构造异常显示,成片但又随机分布,用常规的水文地质勘探方法难以查明其位置和富水规律。

地下突(涌)水流量大、压力高,施工人员和设备在高空排架上作业时,面临地下涌水突发性向外喷射的威胁,安全隐患较大。

地下突(涌)水往往具有突发性特征,在开挖施工过程中,随时都有可能发生,而且发生的规模也难以预测,这给施工组织带来极大的困难。当突(涌)水发生时,要求人员、设备、材料等尽快到位,立即开展工作,资源投入大。如果隧洞存在的高压、大流量的地下水被揭露,将严重影响掘进施工,对其进行处理将占用大量的时间。

1.5.2 突(涌)水处理原则

(1)超前预报,先探后掘

施工过程中,一旦误揭含水构造,再行处理的难度相对较大。因此,在施工阶段建立综合地质预测预报体系,坚持预报在前,最大限度查明地下水状态,先探后掘,以确保隧洞施工安全。

(2)安全第一,确保进度

地下水处理的关键在于保证施工安全和施工进度,要做到:

①确保施工人员和关键设备、设施的安全。

②采取控制地下水的措施,阻水不影响引水隧洞的正常施工。

③剩余涌水量排出后不对周围环境造成破坏。

④确保工程进度。

(3)不同类型,先控后堵

根据地质预报结果,制定施工策略,根据地下水活动规律、压力,确定地下水处理的具体时间。

(4)预案在先,规避风险

当开挖工作面前方有承压水危及施工安全时,制定详细的超前钻探与灌浆施工技术方案、采取“探、控、堵”措施,确保隧洞安全、快速施工。

具体问题须具体分析,针对拟建工程地质特点,TBM 在设计时须充分考虑突(涌)水对设备的影响。如:底部主驱动电机应尽最大可能安装在设备允许安装的高位,隧道拱部的突(涌)水可通过安装钢瓦片或排水管将水排至隧洞边墙;TBM 后配套上的设备全部布置在设备区域一般过水断面(如:不小于 $7m^3/s$)水位线以上,后配套顶部须全部安设防水棚,以保证 TBM 设备在富水段的安全运转。

TBM 在富水段采取以下措施组织掘进施工:

①开挖过程中在围岩稳定、能安全通过时尽量维持突(涌)水的排水通路,严禁随意封堵。通过后采用分流导水洞或底板封堵措施对集中的突(涌)水进行封堵,并采用固结灌浆对围岩进行加固。

②围岩滴水和线状渗水,TBM 正常掘进。掘进过程中利用 TBM 自带的锚杆钻机对出水点施工排水孔,埋设导管排水,导水效果不好的设盲沟或截水圈排水。

③遇掌子面出水量在 5000L/s 以内的集中涌突水,且围岩稳定性较好时,TBM 正常掘进,采用钢瓦片将地下水引至隧洞边墙上,待 TBM 通过后进行堵水灌浆处理。

④掌子面突(涌)水流量大于 5000L/s 时,采取超前灌浆封堵处理。待出水量明显减小、具备掘进条件时再行掘进。与此同时,在后配套后增设横向排水洞提高排水能力。

1.5.3　突(涌)水超前处理方案

1.5.3.1　超前钻孔探测技术

(1)超前钻孔设备材料的选择

①风动凿岩机,操作机构集中,启动灵活、效率高,零件寿命高,通用性高,可靠性好。凿孔直径 34~42mm,凿孔深度 5m,工作气压 0.63MPa。

②MGY-120 顶锤式钻机,转速范围宽,扭矩大,凿孔深度可达 30m。

③中空注浆锚杆。

(2)超前钻孔设备放置

根据工程地质地形、水文地质情况,结合超前地质预报数据进行比对分析,确定承压水存在位置,选择钻孔位置,选择钻机位置。

钻机需要满足 TBM 刀盘部位、护盾往后主机区域的 30m 范围内的钻孔要求。凿岩钻机在 TBM 主梁区域放置位置如图 1.5-1 所示,凿岩钻机在护盾后侧、刀盘内侧放置位置如图 1.5-2所示。

图 1.5-1　凿岩钻机在 TBM 主梁放置位置

图 1.5-2　超前钻机在刀盘、护盾区域放置位置

(3)超前钻孔技术要求

①不同地段的钻孔应采取不同的钻孔深度。

②钻孔过程应进行动态控制和管理,根据钻孔情况可适时调整钻孔深度,以达到最佳效果。

③根据地质预报选择合适的钻孔角度。

1.5.3.2 超前灌浆封堵方案

1)超前灌浆封堵原理

超前灌浆浆液通过超前钻孔充填围岩裂隙,封堵渗水通道,在隧道周围形成隔水保护圈,防止地下水外泄并减轻隧洞结构外水压力,最终使地下水在围岩之外寻求通路并建立新的水平衡,使地下水位得以恢复并长期保持。

超前灌浆就是利用机械的高压动力(高压灌注机),将灌浆材料(水溶性聚氨酯)注入岩石裂缝中,当浆液遇到岩石裂缝中的水分会迅速分散、乳化、膨胀、固结,水溶性聚氨酯灌浆材料进入裂缝的深度与裂缝宽度相关:裂缝越宽,浆液流速越大,进入裂缝就越深,灌浆效果越好。水溶性聚氨酯初始膨胀率能够达到100%,形成胶凝体以后,膨胀消失,但具有很好的弹性,成为稳定的类似止水橡皮的弹性体。这样固结的弹性体填充混凝土所有裂缝,将水流完全地堵塞在岩石结构之外,以达到阻水的目的。

2)灌浆设备材料的选择

(1)灌浆材料

水溶性聚氨酯是由异氰酸酯与伯羟基聚醚等经一定工艺合成而得的单组分灌浆材料,该材料遇水先分散乳化,进而凝胶膨胀固结,与周围的混凝土、岩石有较强的黏结能力,具有止水和修补补强的双重功能,该材料能在普通水、海水及酸碱性较强的水中固化,固结体弹性大,抗渗性耐久性好。

水溶性聚氨酯灌浆主要指标:密度 1.10~1.15g/cm^3,黏度 100~200MPa·s,凝胶时间≥10s,抗拉强度>2.0MPa,断裂伸长率≥150%,黏结强度≥1MPa,膨胀率 3200%。

(2)封孔材料

灌浆封孔材料采用速凝水不漏。该材料主要特点是可带水施工、防潮、抗渗、快速堵漏、迎背水面均可采用,该材料无毒、无害、无污染,凝固时间可调节,其渗性高、黏结力强,粘贴一次完成且与基层黏结成整体,不老化,耐水性好。

速凝水不漏主要指标:凝固时间 1~90min 可调,抗压强度 30~40MPa,黏结强度>1.5MPa。

膨胀止水胶条遇水膨胀,与水不漏复合封孔使用,膨胀率≥150%,低温性能好,-20℃不脆裂。

(3)灌浆设备

采用高压灌注机,灌注压力高达 50MPa,是混凝土裂缝、裂隙、软弱地层基岩涌渗水的稳妥堵漏补强设备,其性能稳定,体积小,可连续高效施工,并配备专用的止水针头,施工简便快速。

1.5.3.3 保证措施

(1)超前封堵质量控制措施

①选择具有丰富施工经验的队长担任施工负责人,并要求每个工人严格按操作规程进行施工,抓好施工的每个环节,确保工程质量。

②每个工序完成后,均由监理、项目部、施工人员三方到现场测量孔深及孔斜等,打孔、埋嘴、灌浆均应满足设计要求。

③钻孔严格按技术交底要求施工,沿裂隙的内圈孔顺着裂隙面钻孔,相应外围孔按相同角度钻孔。钻孔必须经检查达到深度后方能下管。

④浆液严格按参数确定的配比搅拌,注浆时要防止漏浆。

(2)超前封堵进度保证措施

①根据施工特点和以往施工经验,按照"先紧后松"的原则安排,以确保目标工期的实现。

②配备高素质的管理人员和技术人员,成立强有力的管理机构,从人员的质和量上满足工程施工需要。

③每天分两班施工,每班设现场值班技术员 3 名,负责本班的生产安排、协调和技术问题,发现问题及时解决。

④配备足够数量、完好程度较高的施工设备,并准备充足的备件。加强维修力量,提高设备的出勤、完好率。

⑤优化施工工艺过程,合理安排施工工序,使各工序之间严密紧凑,衔接合理,符合相关规范及业主要求。

(3)安全保证措施

①注意裂隙面钻孔时可能存在的掉块。

②台车上钻孔小心坠落。

③钻孔设备管路连接应牢靠。

④注浆管路应畅通,不得堵塞。

⑤灌浆作业配备专用劳保用品。

1.5.4 突(涌)水封堵措施

在隧道掘进过程中需采用超前钻孔探明地下水的活动规律,测定涌水量、压力,防止突然涌水。对于施工过程中揭露的大流量地下水,须采取合理有效的引、排、截、堵等措施,尽量截断补给水源,降低地下水位,以保证地下洞室良好的施工条件。在掘进强行通过出水点以后,必须立即进行地下水的控制工作。对突(涌)水点的封堵措施,一般先采取灌浆处理,为了使灌浆能够封堵突(涌)水点,采取多种灌浆措施,尽量用灌浆解决因漏水而妨碍混凝土衬砌的问题。对于出水构造带,在其两侧各布置一排 CT 探测孔进行超前勘探,然后布置分流减压孔减小突(涌)水压力,以利于灌浆封堵;如灌浆无法封堵,采用钢管引排突(涌)水,浇筑堵头混凝土堵住地下突(涌)水点的方案。

1.5.4.1 突(涌)水点封堵形式

突(涌)水点的封堵形式分为灌浆处理以及引排地下水两种。

灌浆处理是首先在出水构造带两侧各布置一排 CT 探测孔进行勘探，以勘察结果和出水构造、形态等参数为依据，设计、布置分流减压孔减小突（涌）水压力，以利于灌浆封堵。灌浆从散状出水段两端逐步向中间靠拢施灌。突（涌）水点封堵灌浆分为普通硅酸盐水泥灌浆、水泥砂浆灌浆、化学灌浆三种形式，在纯水泥灌浆不能奏效的情况下采用水泥砂浆灌浆，若仍未见效则采用化学灌浆。如果灌浆不能封堵突（涌）水点，采取钢管引排水突（涌）水的措施。

钢管引排突（涌）水分为引排不回填混凝土和引排后回填混凝土两种方式。引排地下水回填混凝土封堵突（涌）水点分为两种情况：一种为高压地下水沿洞壁结构面发生劈裂，另一种为隧洞洞室底板大流量涌水。前者采用开挖导洞、安装导流管、浇筑一期堵头混凝土、安装导流高压钢管、浇筑二期堵头混凝土、一二期堵头回填灌浆、浇筑三期堵头混凝土第一段（回填灌浆、固结灌浆）、浇筑三期堵头混凝土第二段（回填灌浆）；后者是下挖突（涌）水点部位，露出突（涌）水点，采用模袋混凝土固定特制钢罩将地下水通过高压管道引出待浇筑面，然后回填强度等级不小于 C25、W6 抗渗混凝土。

1.5.4.2 突（涌）水点封堵施工流程

突（涌）水点的封堵先进行灌浆处理。当地下水连通性很强，随着灌浆封堵的进行，地下水会形成集中突（涌）水，不仅流量变大，压力也随之提高。因此为了提高灌浆效果，在大部分灌浆作业中采用灌、排结合的方式，预先在相对较大的突（涌）水段钻大口径排水孔，灌浆由轴线两边向中间进行，随着灌浆的进行，地下水集中到预定段，然后再采用钢管引排地下水、回填混凝土封堵的措施处理集中突（涌）水点，这样便可保证通过封堵施工，满足衬砌的要求。施工程序见图 1.5-3。

1.5.4.3 突（涌）水点封堵灌浆施工

1）灌浆孔位布置

地下突（涌）水点的封堵灌浆布孔依设计进行，孔深一般为 13m。

2）CT 探测

CT 探测是一种采用扫描成像法的超前地质探测技术，其目的主要是为准确探测掌子面前方探测孔有效深度范围内的地层地下水赋存的构造特点和出水形态。

（1）CT 探测基本原理

用弹性波 CT 检测构造体内部构造的基本原理是：首先用弹性波扫描被检测体，得到多个弹性波图像；然后利用计算机作反演计算，得到被检测体内部的波速图像；最后根据波速图像得出构造体内部构造并进行评价。

（2）CT 探测采集数据方法

如图 1.5-4 所示，A 和 B 为两个钻孔，检测时，先在 A 孔中某一位置激发弹性波，并在 B 孔中 n 个等间隔位置接收，可测得 n 个弹性小组旅行时，然后按一定规律移动激发点和接收点的位置，直至完成预先设计好的“观测系统”。若整个“观测系统”共计激发 m 次，则可测得 $m\times n$ 个弹性波旅行时，据此信息，利用计算机作反演计算，即可得到被检测体内部的波速图像。

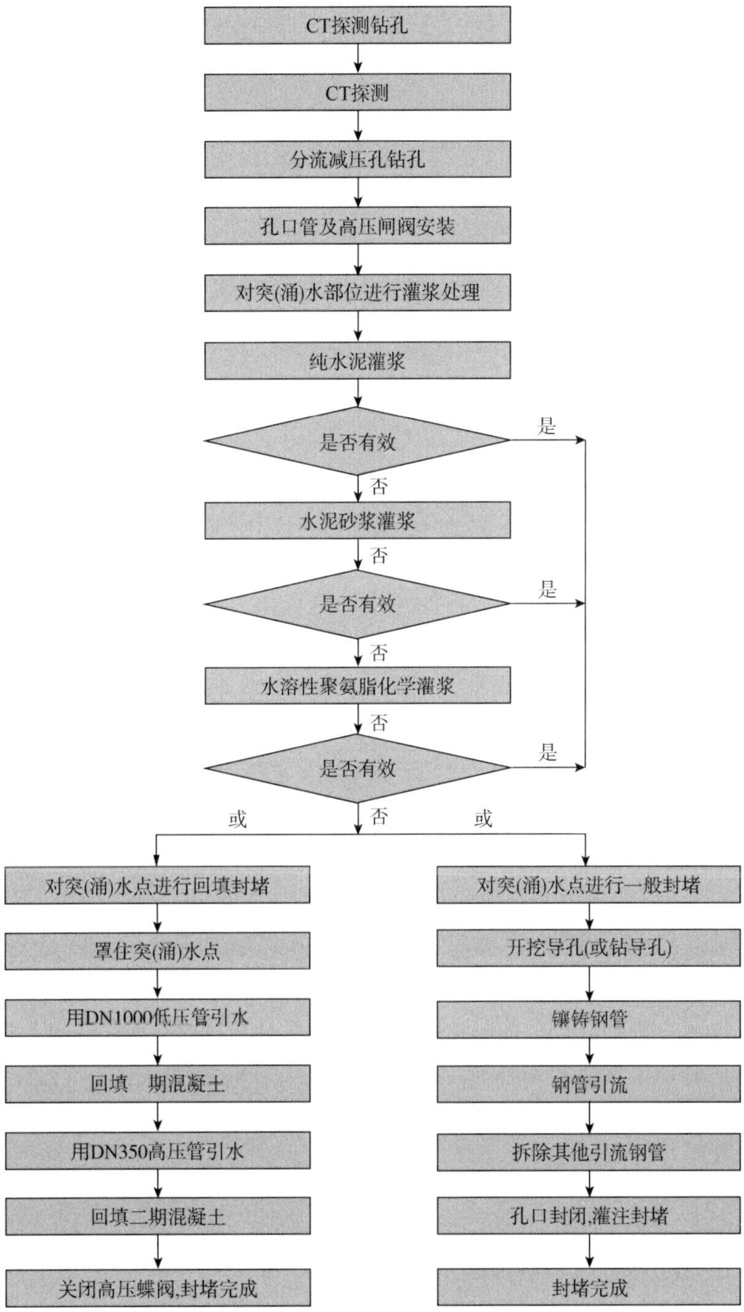

图 1.5-3　隧道洞壁突(涌)水点的封堵施工工艺

(3)CT 探测设备及仪器

激发设备采用大功率火花震源。接收设备采用 12 道压电晶体型串式拾振器和美国乔美特利公司生产的 R24 浅层地震仪。

(4)CT 探测孔布孔及孔深

在出水构造带两侧各布置一排 CT 探测孔,大里程方向 CT 探测孔距出水构造带 5m,小里程方向 CT 探测孔距出水构造带 20m。超前探测孔孔径为 76mm,深度为 30m。底板上垂直布置 3 个 CT 探测孔,探测孔为铅直孔;在两侧边墙上各布置一个 CT 探测孔,探测孔与边墙成 45°夹角,具体孔位布置见图 1.5-5。

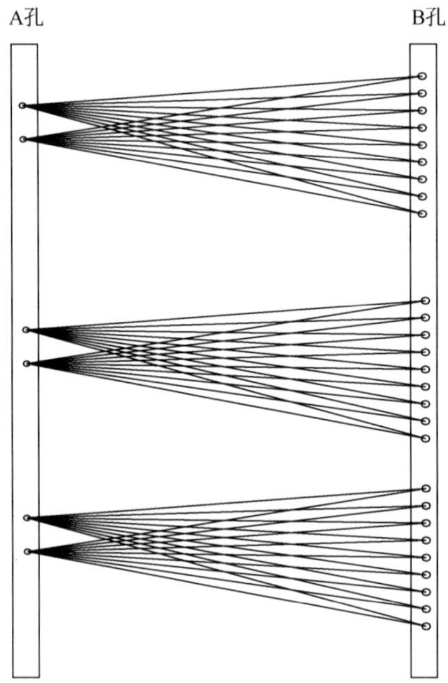

图 1.5-4　CT 探测示意图

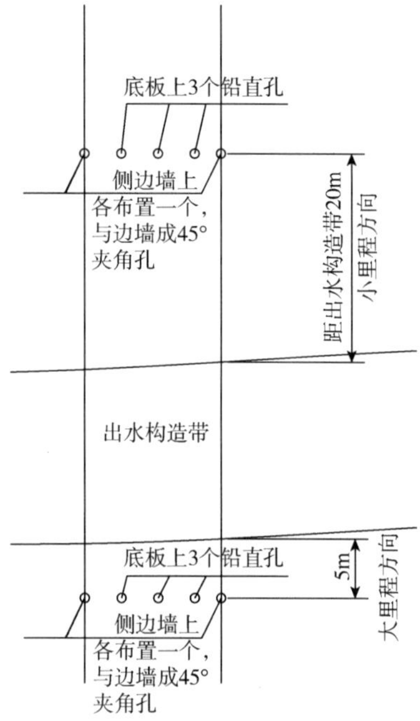

图 1.5-5　CT 探测孔位布置

(5)CT 物探测试

CT 扫描拟采用 1 点激发,12 个点接收。12 个接收点先不动,只移动激发点,直至完成这 12 个点处的扫描任务,而后再更换下一组 12 个接收点,如此循环,直至完成整个"观测系统"。

(6)数据预处理

一般而言,外业采集的数据,不宜直接进行 CT 成像,而应根据本区特点,首先进行预处理,然后再成像。数据预处理主要包括"延时消除"和"粗差消除"两项。

(7)CT 成像

CT 成像是根据外业扫描所取得的数据,利用计算机技术反演被检测体内部的速度场,其核心任务是建立和解算一组大型稀疏多元线性方程组,这一任务由专业软件完成,应注意:

①单元划分:首先取 1m×1m 网格进行反演,至误差较小时,再加格,细分为 0.5m×0.5m 网格,继续反演,直至误差很小且不再减小时,结束计算。

②反演过程中,始终采用一阶阻尼,单元波速度限高不限低。

CT 检测的直接成果是网格单元的弹性波速值,或者说是构造体内部的弹性波速分布情况,可以用波速等值线图和波速色谱图表述。

3)减压孔施工

通过 CT 探测孔对出水构造进行探测,了解出水构造的性质、特点、发育状况,在出水构造带上游侧布设分流减压孔。分流减压孔距出水构造带 15 ~ 20m,采用梅花形布置,间排距为 1.0m×1.0m。分流减压孔钻孔直径 219mm,孔深小于 40m。

分流减压孔一方面引流降低地下水压力，便于突（涌）水封堵灌浆；另一方面在灌浆不能奏效的情况下，采取集中引排方式，将地下水集中引排到混凝土衬砌段以外，满足喷混凝土和混凝土衬砌的施工条件，在该段混凝土衬砌完成以后，通过系统的高压固结灌浆对地下水进行封堵。

分流减压孔口安装高压阀门，分流减压孔和高压阀门。高压阀门须满足 15MPa 的承压要求。

4）突（涌）水点封堵灌浆施工（略）

5）突（涌）水点封堵施工

由于突（涌）水点的封堵需要投入很大的财力、物力，且需要分为几期完成，占用的工期长，围岩暴露时间长，严重影响围岩稳定，也影响后续混凝土衬砌作业，所以应尽量减少需要封堵的集中突（涌）水点。一方面要求尽量采用灌浆封堵集中突（涌）水点，另一方面要求尽量将需要处理的部位统筹考虑，争取一个区域形成一至二个集中突（涌）水点，突（涌）水点灌浆由两端向中间集中，灌浆处理完大多数衬砌段堵水灌浆。对集中突（涌）水点灌浆处理失败的段落，考虑采用高、低压钢管引排地下水和回填混凝土的突（涌）水点封堵措施。

地下突（涌）水点的封堵施工工艺分为两种情况：一种为开挖导孔（或用钻机钻孔）安装钢管引流，不回填混凝土，即突（涌）水点一般封堵施工；另一种为安装钢管，并回填混凝土。其中安装钢管回填混凝土方式又分为两种情况：一种为洞壁突（涌）水点的封堵；另一种为底板突（涌）水点的封堵。对于地下突（涌）水点水压不是很大的情况，采用导孔中埋设钢管，用模袋水泥（或水泥浆）镶住引流钢管，然后进行衬砌，最后用孔口封闭的方法注浆堵住该突（涌）水点。

（1）突（涌）水点一般封堵施工

突（涌）水点一般封堵采用开挖导孔（流量不大时采用钻机钻孔），安装引流钢管，混凝土衬砌后进行封堵灌注的方法。其步骤如下：

①导孔开挖（或钻机钻孔）

根据突（涌）水点的流量、压力采用不同的成孔方式，地下水流量、压力不是很大时采用钻机钻孔的方式；当地下水流量、压力较大时，需埋设较大的引流钢管，因此需要采用开挖导孔的方式。

引流孔、引流管的大小均根据突（涌）水点的流量、压力不同而采取不同的规格。

②安装引流钢管

埋入导孔内的引流管采用高压管（以备衬砌后灌注封堵之用），管外包裹封堵模袋，导流管埋入后向模袋中注入水灰比为 0.5∶1 的水泥浆，待手压泵注入困难时停止注入。埋入的钢管采用锚杆固定，孔外钢管采用法兰连接，待混凝土衬砌完成后可拆卸。

③混凝土衬砌后封堵灌注

突（涌）水点引流完成并且成功进行混凝土衬砌后，拆除埋入导流孔内的其他所有钢管，然后安装封闭器，对地下突（涌）水点进行灌注封堵。可根据不同情况采用不同的灌注材料。对于大的突（涌）水点可以采用独立注浆系统灌注混凝土材料。

（2）隧道洞壁突（涌）水点封堵施工

隧道洞壁突（涌）水点封堵采用开挖导流洞，安装引流钢管，回填混凝土封堵突水通道的方法，示意图见图 1.5-6，施工工艺见图 1.5-7。

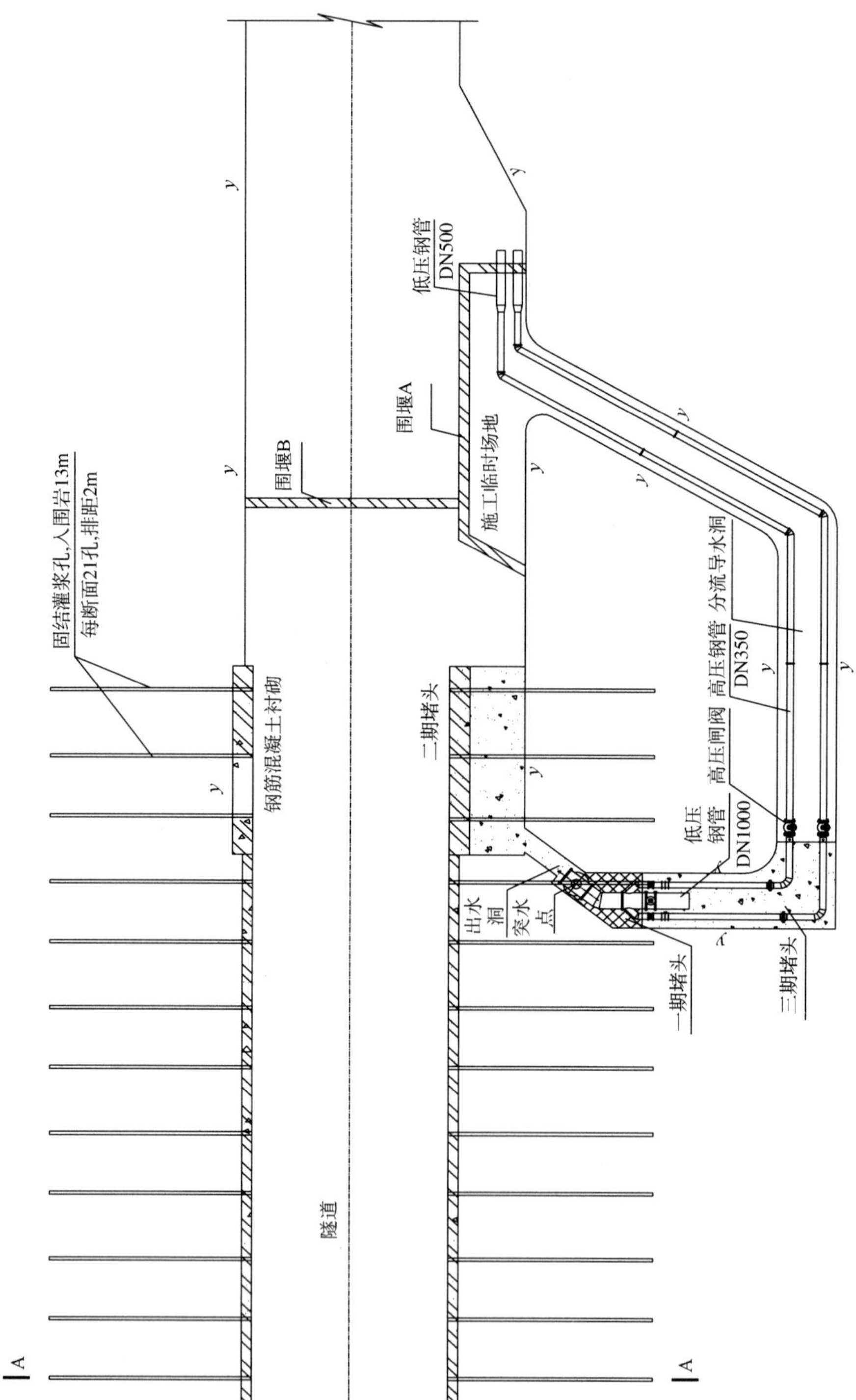

图1.5-6 洞壁突（涌）水点封堵示意图

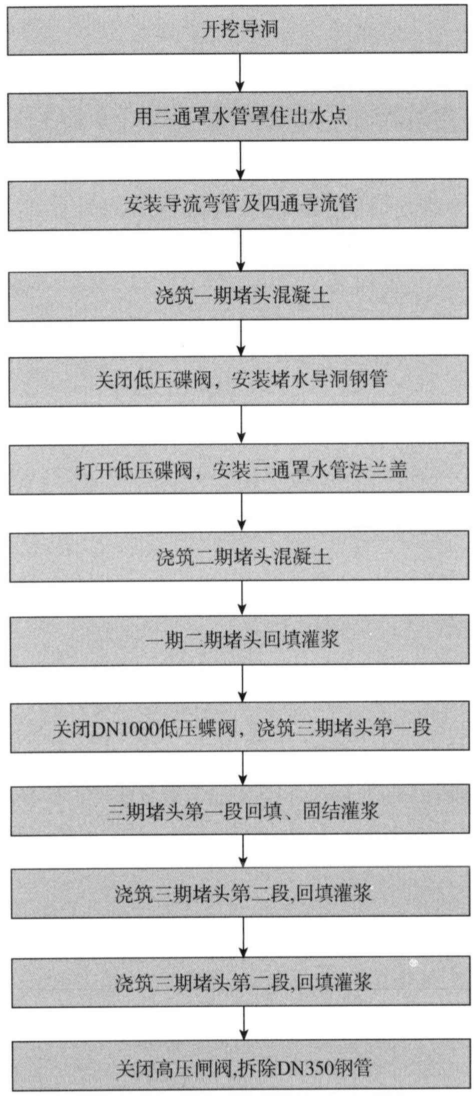

图 1.5-7　隧道洞壁突(涌)水点的封堵施工工艺

①导流洞开挖与支护

隧道洞壁突(涌)水导流洞可采用 3.5m×3.5m 小断面坑道形式。一般而言洞壁突(涌)水点高于隧道底板高程,为了便于引流封堵,导流洞在突水点处的高程最好高于突水点高程,然后向下挖孔至出水点,有利于罩住出水点,而且便于钢罩周边的止水。导流洞的支护采取喷锚支护结构。

②引流金属结构制作

a.特制防水罩的形状

根据出水点出水情况不同,制作两种不同的特制防水钢罩。

针对出水点比较集中,面积不是很大的出水点,导流结构的引水部分采用钢管制作。特制防水钢罩实际上是安装有 DN1000mm 导流岔管的特制钢管,钢管长度一般为 3m,其直径根据出水点的不同而特别制作,一般而言钢罩直径比出水点大,才能保证容纳所有的出水。下挖的导流洞要比出水点直径大,防水钢罩导流钢管与该导流洞的尺寸匹配好,以利于防水罩与导流洞间的止水。出水点集中的特制钢罩基本形状如图 1.5-8 所示。

针对出水点面积比较大且分散的出水点,引水部分制作成喇叭形钢罩,长度一般为 3m,在其上焊接有 DN1000mm 导流岔管,在喇叭形引流钢罩的外面缝制一圈混凝土模袋,基本形状如图 1.5-9 所示。

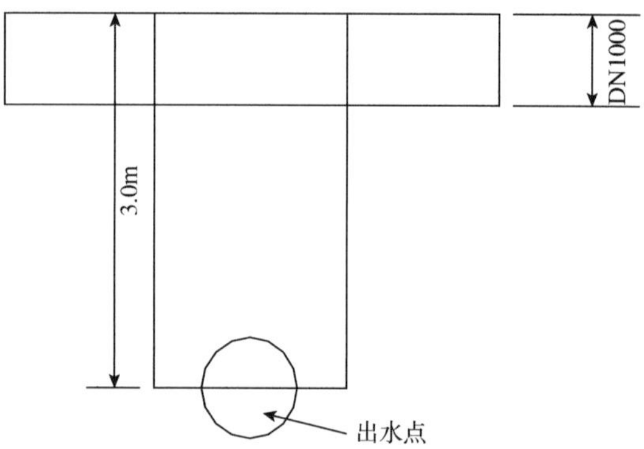

图 1.5-8　出水点集中的特制钢罩

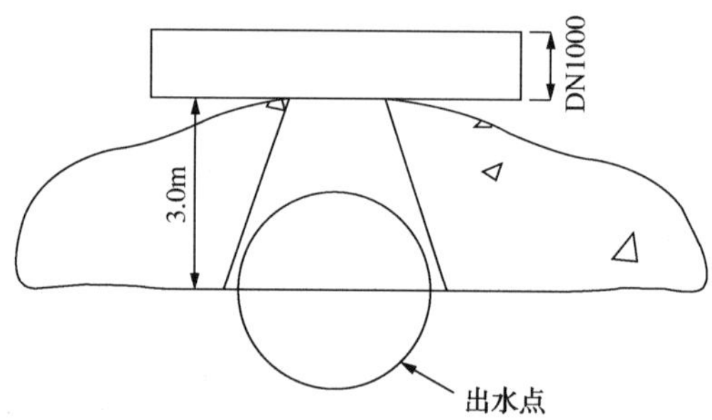

图 1.5-9　出水点面积大且分散的特制钢罩

b.导流四通管的形状与制作

突水点封堵一般分两期施工,先用 DN1000mm 低压钢管浇筑混凝土一期堵头,然后拆除 DN1000mm 低压钢管,改由 DN350mm 高压钢管引流,浇筑二期混凝土堵头,所以设计导流四通管,形状如图 1.5-10 所示。

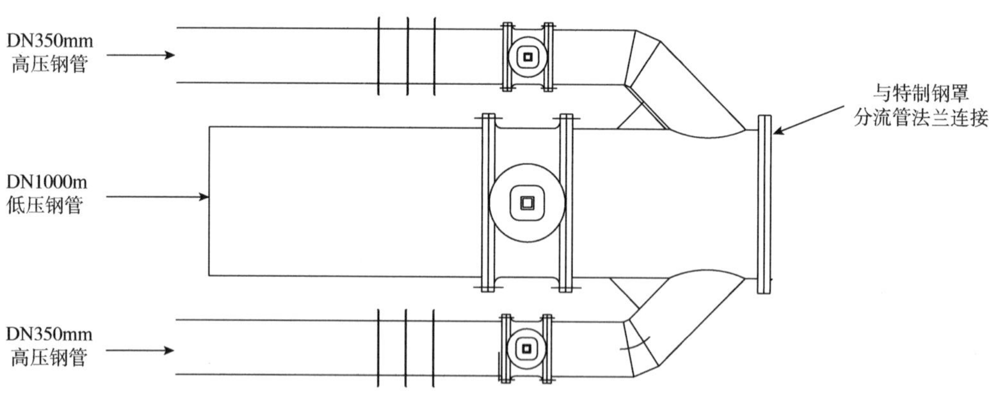

图 1.5-10　导流四通管

③引流金属结构安装

a.安装导流弯管及四通导流管

三通罩水管插入突水导流孔后,安装导流弯管、四通导流管及 DN1000mm 低压导水管,采用法兰盘连接,将绝大多数突水引出导流洞,管道采用支立架架设,以利于后续工作。导流弯管及四通导流管如图 1.5-11 所示。

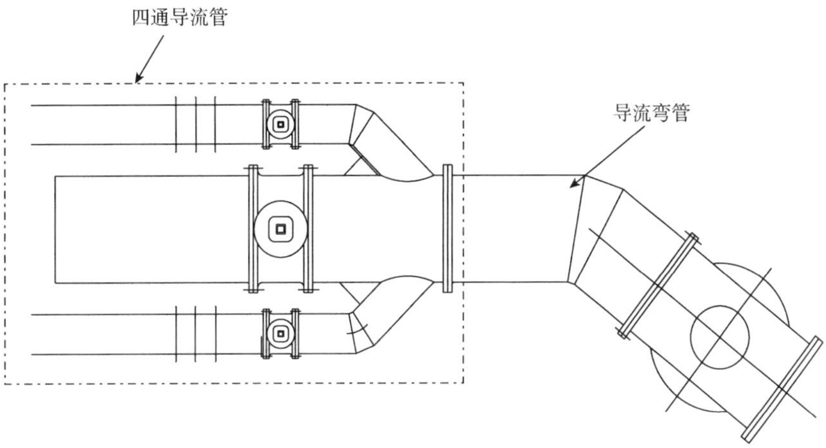

图 1.5-11　导流弯管及四通导流管

b.导流钢管的密封

针对突(涌)水点集中、面积较小的突水形式,钢罩导流钢管有两种密封形式,一种为模袋密封、一种为麻丝缠绕和胶泥填塞封堵。模袋密封封堵是将编织好的长 2.5m 的模袋,捆绑在导流管上,用自制手压泵将水灰比为 0.5∶1 的纯水泥浆压入捆绑的模袋中,当流量逐渐减小且压浆较困难时即可结束,等强 36h 后,再采用麻丝缠绕和胶泥填塞封堵。麻丝缠绕和胶泥填塞封堵是将导流岔管送入出水的导流孔内就位后,在导流管与导流孔之间的间隙缠绕麻丝,基本填实后用胶泥填塞。胶泥采用水玻璃与水泥拌制而成,并根据出水压力调整其凝结时间(可通过调整水玻璃与水泥的配比调整凝结时间),胶泥填塞后再浇灌细石混凝土并捣实。

针对出水点面积比较大且分散的突水形式,钢罩导流管封堵采用模袋混凝土形式。用喇叭形钢罩罩住突水点后,向模袋中注入 C25 混凝土,该模袋可防止地下水进入而影响混凝土凝固。

c.钢管的连接

导流管与 DN1000mm 低压钢管组成的导流岔管采用焊接形式。DN1000mm 低压钢管采用法兰盘连接,中间加橡胶密封垫止水,采用高强螺栓连接。DN350mm 高压钢管采用螺纹接头连接。

d.钢管的固定

钢管及阀门采用钢管架架立,管道及阀门的支架可根据地面情况就地制作,但埋入混凝土内的支架必须采用钢材制作。支架、钢管和阀门等安装完毕后,必须采用锚杆或卡箍等固定在地面上,避免管道过水时发生振动或移位。

④回填混凝土

由于导流洞底板高于出水点,而且高于正洞底板高程,所以可以做到干地浇筑混凝土,混凝土分三期浇筑。

a.一期堵头混凝土浇筑

前期水流通过 DN1000mm 低压钢管将突水通过正洞侧壁及导流洞引至正洞排出,浇筑一期堵头混凝土，露出四通闸阀。

b.二期堵头混凝土浇筑

一期混凝土等强 36h 后，关闭导流洞端的低压蝶阀，水流通过 DN1000mm 低压钢管将突水通过正洞侧壁引至正洞排出，安装堵水导洞钢管，然后打开导流洞端的低压蝶阀，通过导流洞 DN1000mm 低压钢管将突水引至正洞排出，关闭正洞端的低压蝶阀，拆除正洞侧的 DN1000mm 低压钢管，浇筑二期堵头混凝土。

c.一、二期堵头混凝土回填灌浆

回填灌浆在混凝土凝期 7d 后进行，二期堵头混凝土浇筑完成后可以进行一期堵头混凝土回填灌浆；二期堵头混凝土等强 7d 后进行回填灌浆。

d.三期堵头第一段混凝土浇筑及回填灌浆

为了防止排出的水流影响正常 TBM 掘进施工或回灌至导流洞内，在导流洞口设置堵水围堰，然后安装两条 DN350mm 高压钢管，打开高压蝶阀，关闭低压闸阀，拆除导流洞段的 DN1000mm 低压钢管，进行三期堵头第一段混凝土浇筑，等强 7d 后进行三期堵头第一段回填灌浆。

e.三期堵头第二段混凝土浇筑及回填灌浆

突水水流通过 DN350mm 高压钢管引排，待三期堵头第一段回填灌浆完成后进行三期堵头第二段混凝土浇筑，等强 7d 后进行三期堵头第二段回填灌浆。

f.关闭高压闸阀，拆除 DN350mm 高压钢管，突水点封堵完工

三期堵头第二段混凝土浇筑并进行回填灌浆后，等强 7d 后，就可以关闭高压蝶阀，拆除 DN350mm 高压钢管，这样便完成了突水点的封堵施工。

(3)隧道底板地下突(涌)水点封堵施工

隧道底板地下突(涌)水点封堵采用开挖导流孔、坑，安装引流钢管，然后回填混凝土封堵突水通道的方法，如图 1.5-12 所示，施工工艺见图 1.5-13。

①流孔、坑开挖

隧道底板地下突(涌)水封堵的原则：一是管道埋设、混凝土回填不能影响最终隧道断面尺寸，二是涌水压力不能传给隧洞衬砌结构。底板突水点的压力是向上的，单纯的素混凝土已不能抵抗其压力，因此必须采用钢筋混凝土，必要时增设锚杆。在这种情况下，一般需要开挖满足需要的导流孔或坑。导流孔(坑)开挖深度一般为 3m，直径大于出水点直径。

②引流金属结构制作

a.特制防水罩的形状

根据出水点出水情况不同，须制作两种不同的特制防水钢罩。

针对出水点比较集中，面积不是很大的出水点，防水钢罩引水部分采用钢管制作。特制防水钢罩实际上是安装有 DN1000mm 导流岔管的特制钢管，钢管长度一般为 3m，其直径根据出水点的不同而特别制作。

针对出水点面积比较大且分散的出水点，引水部分采用成喇叭形钢罩，长度一般为 3m，在其上焊接 DN1000mm 导流岔管，在喇叭形引流钢罩的外面缝制一圈混凝土模袋。

b.导流四通管的形状与制作

导流四通管由 1 根 DN1000mm 低压钢管和 2 根 DN350mm 高压钢管制作而成。DN350mm 高压钢管焊接在 DN1000mm 低压钢管上。

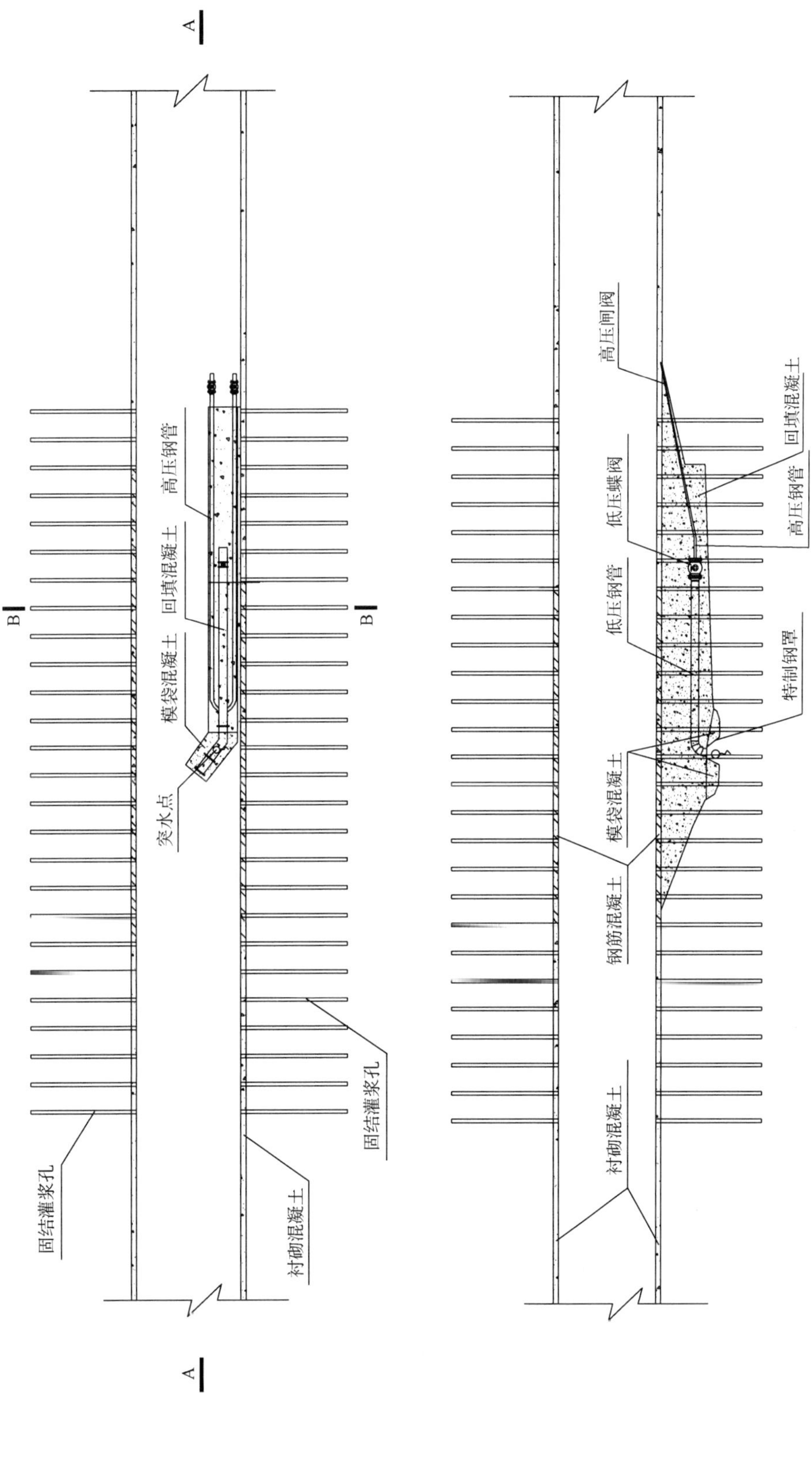

图1.5-12　底板突（涌）水点封堵示意图

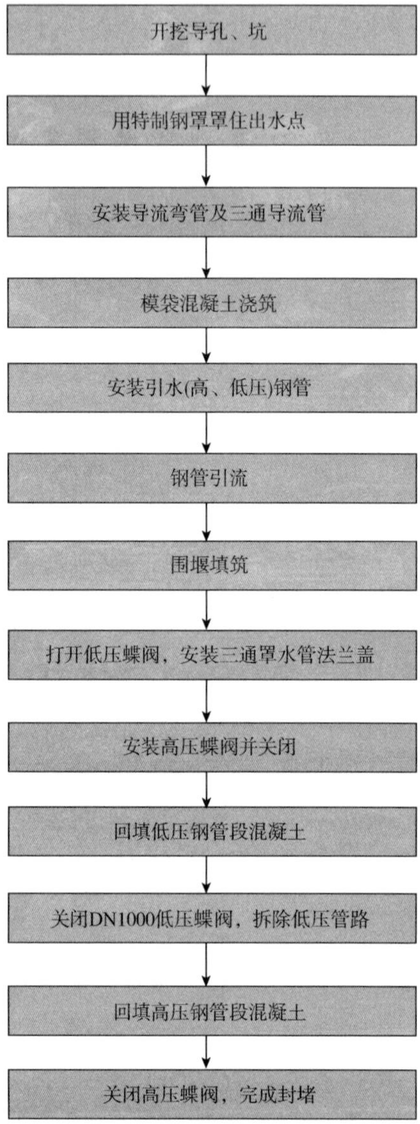

图 1.5-13　隧道底板突(涌)水点的封堵施工工艺

c.钢管的型号与制作

钢管分为 DN1000/350mm 导流岔管、DN1000mm 低压钢管和 DN350mm 高压钢管。因出水点大小和各导流管尺寸不统一，需根据各突水点的形状、大小专门制作，突水点封堵成功与否很大程度上取决于导流岔管的制作。一般钢材采用 Q345 钢、壁厚为 6~14mm，在其上焊接三通管。DN1000mm 低压钢管属于特种钢管，一般采用壁厚为 6~14mm 的 Q345 钢卷制。DN350mm 高压钢管必须经过检验确定可承受 10MPa 压力后方可使用。

③引流金属结构安装

a.安装 DN1000/350mm 导流四通

特制钢罩罩住突水并且稳固后，安装 DN1000/350mm 导流四通，安装 DN1000mm 低压导水管,采用法兰盘连接,将绝大多数突水引出导流洞,管道需采用支架架空,以利于后续工作。

b.导流钢管的密封

同本节(2)③b.。

c.钢管的连接

同本节(2)③c.。

d.钢管的固定

同本节(2)③d.。

④砌筑临时围堰

为了防止排出的水流回灌,尽量在无水区浇筑混凝土,并在出水管端砌筑临时围堰,围堰以不发生回流为标准。在进行完导流管模袋灌浆,并进行麻丝缠绕和胶泥填塞封堵止水后,采用 DN1000mm 低压钢管对突水进行引流,砌筑临时围堰。

⑤钢筋绑扎及锚固

采用 ϕ20 钢筋,间距为 30cm,锚固间距按 100cm×100cm 网格状布设。

⑥回填混凝土

回填混凝土采用两种方式,尽可能采用干地浇筑,条件不允许的情况下,采用水下浇筑混凝土。水下混凝土采用导管法水下浇筑,混凝土标号为 C25。混凝土分为两段浇筑,一段为低压管埋设段,一段为高压管埋设段。

a.低压管段混凝土浇筑

临时围堰砌筑完成,并且完成钢筋绑扎、锚杆锚固施工后,安装高压蝶阀及高压钢管。突水由 DN1000mm 低压钢管引流,浇筑低压管段混凝土(露出低压闸阀),并安装混凝土接缝止水板。

b.高压管段混凝土浇筑

低压段混凝土浇筑完成后,打开 DN350mm 高压蝶阀,关闭 DN1000mm 闸阀,拆除后面的 DN1000mm 导流钢管。采用 DN350mm 高压导流钢管引流,浇筑高压管段混凝土。

c.关闭高压闸阀,突水点封堵完工

高压段混凝土浇筑 7d 后,关闭高压闸阀,拆除 DN350mm 高压钢管及临时围堰,这样便完成了突水点的封堵施工。

1.6　岩　　溶

岩溶地质是经过化学作用和机械破坏作用形成的地下溶蚀现象。岩溶地段隧道不良地质要素有断层地段、软弱围岩、突泥涌水、冲沟、溶洞及采空区等。

当隧道穿过可溶性岩层时,有的围岩破碎,容易发生坍塌;有的溶洞位于隧道底部,充填物松软且深,使隧道基底难于处理;有时遇到填满饱含水分的充填物溶槽,当隧道掘进至其边缘时,含水充填物不断涌入坑道。利用传统工法在岩溶地质进行隧道施工难度较大,如果使用 TBM 法在此类地质中掘进,更是困难重重,难以发挥 TBM 施工的高效率优势。

1.6.1　岩溶地质对 TBM 施工的影响

岩溶地质对 TBM 施工会造成以下影响:

(1)突泥涌水地质灾害

岩溶地质条件下的隧道施工过程中,极易出现填充性溶洞或空腔,发生突泥涌水地质灾害可能性较大。TBM 在此类地质情况下,受突泥涌水影响严重,掘进速度极慢。

溶洞突泥涌水的发生位置不同,对 TBM 施工的影响程度亦不相同。施工过程中及时对掌子面区域的围岩进行准确的地质预报,确定突泥涌水点的位置和涌水量,对 TBM 施工有着极其关键的作用。

大量的突泥涌水会导致刀盘舱内积水、积淤严重,致使 TBM 出渣皮带机难以应付,进而影响 TBM 的正常掘进,甚至停机;大量的淤泥积水会导致 TBM 主驱动密封系统严重损坏,失去密封效果,给维修保养带来极大困难;突泥涌水地质灾害严重时,可能导致 TBM 被泥沙掩埋,造成更严重的工程事故,如图 1.6-1 所示。

图 1.6-1　突泥涌水灾害

(2)软弱围岩降低施工效率

岩溶地质中时常出现软弱围岩,是 TBM 施工过程中比较棘手的一个问题。在敞开式 TBM 施工过程中,软弱围岩地质会大大降低 TBM 的施工效率,主要体现在以下方面:

①软弱围岩极易收敛变形,可能造成 TBM 卡机。

②软弱围岩散落塌落增加 TBM 施工支护时间,降低掘进效率。

③软弱围岩较低的围岩强度,无法承受 TBM 撑靴的撑紧力,易出现塌陷,无法提供足够的掘进反力,须进行强化围岩施工,严重影响 TBM 掘进效率。

(3)破碎围岩降低施工效率

TBM 在破碎围岩条件下施工,由于受支护工序的影响,掘进效率降低。破碎围岩情况下的支护工作,相对于常规支护有所加强,钢拱架安装间距加密、结构加强,钢筋排加强,增加塌腔回填量等,会造成 TBM 停止掘进等待支护。

(4)TBM 姿态控制困难

在突泥涌水、软弱围岩、破碎围岩等不良地质条件下,TBM 的掘进姿态控制较为困难,对

TBM 主司机经验、技能要求较高。一般要求 TBM 主司机具有丰富的操作经验，能根据不同围岩特性，结合 TBM 的操作规程，谨慎敏感，密切关注姿态的动态变化，严防栽头，保持偏差范围内的掘进姿态。

1.6.2　TBM 施工应对措施

TBM 掘进通过岩溶地段时，需多措并举，综合考虑使用超前地质预报手段以及混凝土回填加固、注浆堵水等加强支护施工措施，配合 TBM 设备自身掘进支护系统，缓慢通过。在遇到大规模突泥涌水地质灾害时，考虑采用冷冻法协助 TBM 脱困。

(1)加强超前地质预报

在日常的超前地质预报基础上，对不良地质段的超前地质预报采用长、短距离相结合的方式，其中长距离探测采用 TSP 超前地质预报系统探测方式，准确预测出破碎段围岩里程及长度；短距离地质探测采用钻孔 CT、超前地质钻机钻孔探测结合地质素描、地质展示图，综合分析掌子面前方围岩的岩性、结构、构造和地下水情况，判断断层破碎带的位置、宽度、产状、性质、充填物的状态、是否为充水断层，并判断其稳定程度，预报掌子面前方一定范围内有无突泥涌水、溶洞、塌方等施工风险，及时反馈信息，做好施工风险源的辨别，及时调整掘进参数，编制不良地质段施工技术交底及应急预案，指导后续施工。

①TSP 探测

TSP 方法属于多波多分量高分辨率地震反射波的一种探测技术。在设计的震源点(通常在隧道的左或右边墙，大约 24 个炮点)用小量炸药激发产生地震波。当地震波遇到岩石波阻抗差异界面(如断层、破碎带和岩性变化等)时，一部分地震信号反射回来，一部分信号透射进入前方介质。反射的地震信号被高灵敏度的地震检波器接收。数据通过 TSPwin 软件处理，便可了解隧道工作面前方不良地质体的性质(溶洞、破碎带、断层等)、位置及规模。

洞内数据采集系统主要由接收器、数据记录设备以及起爆设备三大部分组成(图 1.6-2)。接收器用来接收地震波信号。数据记录设备将接收器接收到的信号放大、模数转换并进行测量过程控制、信号数据记录。起爆设备用来引爆电雷管和炸药。

洞内数据采集包括打接收器孔、打爆破孔、埋置接收器管、连接接收信号仪器、放炮接收信号等过程。

TSP 是 20 世纪 90 年代初期由瑞士 Amberg 测量技术公司研制开发的超前地质预报技术，TSP203 是其开发的第二代系统。TSP203 隧道地质超前预报系统中，接收器孔和爆破孔并不是布置在掌子面上，而是在掌子面附近的边墙上。一般情况下，由 1 个接收器孔和 24 个爆破孔组成，接收器距掌子面约 55m，最后一个爆破孔距掌子面约 0.5m。爆破孔间距 1.5m，孔深 1.5m，孔径 19~45mm，孔口距隧底约 1.0m，向掌子面方向倾斜约 10°，向下倾斜 10~20°；接收器与第一个爆破孔间距 20m，接收器孔深 2.4m，孔径 32~45mm，孔口距隧底 1.0m，向洞口方向倾斜约 10°，向下倾斜 10~20°。设备布设见图 1.6-3。

为使接收器能与周围岩体很好地耦合以保证采集信号的质量，在采集信号前至少 12h，应将一个保护接收器的接收器套管插入孔内，并用含特殊成分的不收缩水泥砂浆使其与周围岩体很好地黏结在一起。每处爆破孔装药量 10~40g，根据围岩软硬、完整破碎程度和与距接收器位置的远近而不同。若地质情况特别复杂，有时需要在隧道另一边墙上也布置一个接收器和 24 个爆破孔，对比分析左右边墙所测资料，得出较为准确的判断结果。

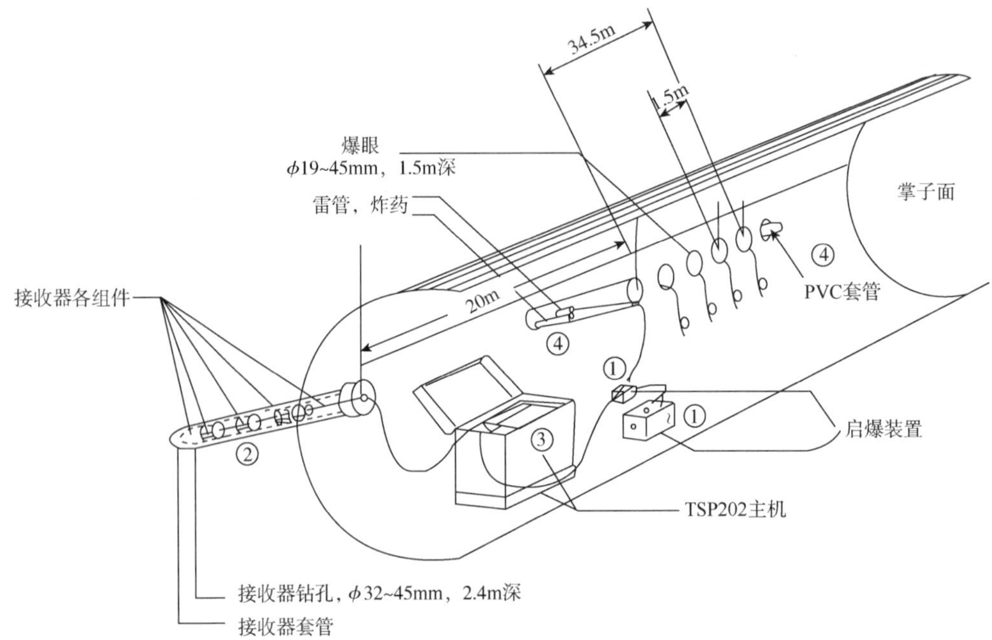

图 1.6-2　TSP203 隧道地质超前预报系统地质信息采集示意图

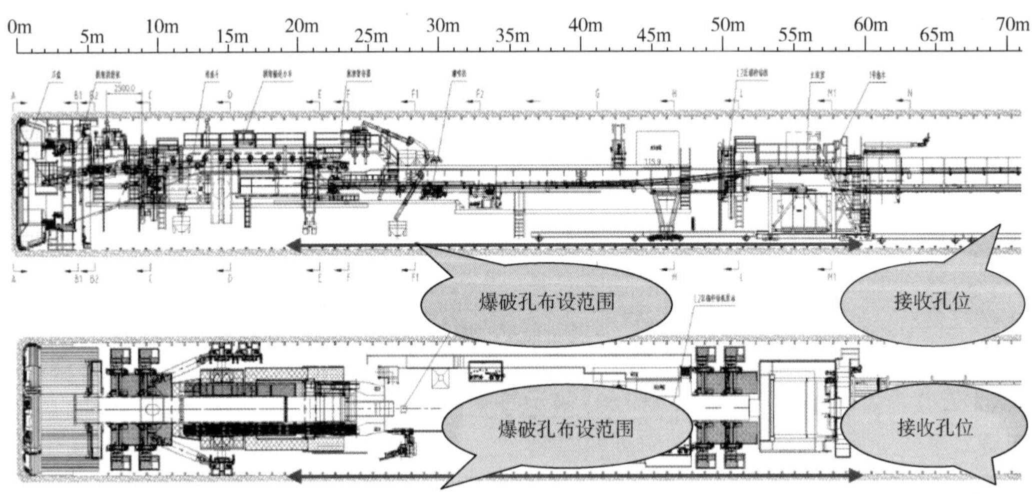

图 1.6-3　TSP 设备布设示意图

②CT 法探测

跨孔电阻率 CT 超前预报系统，通过对围岩综合电阻率的检测判断围岩的富水程度或溶洞的填充情况。该系统具有两种主要的数据采集和解译方式：二维探测——利用一对钻孔，可得到二维断面成像结果；三维探测——利用四个钻孔，可得到三维空间成像结果。

含水构造带或泥水填充的溶洞地质的电阻率值较低，相对于周围岩土介质是低阻异常体，其量级差异较大，在最终的解译结果中以低阻异常呈现。

(2)无填充物溶洞的回填加固

出现无填充物溶洞时，在溶洞露出 TBM 护盾后及时对溶洞进行封堵处理。主要采取钢筋排、钢筋网、钢拱架作为结构骨架，预埋注浆管路接口，再以湿喷混凝土喷射封闭，最后注浆填充空腔加固，如图 1.6-4 所示。

图 1.6-4　溶洞的碎石混凝土回填加固处理

(3)有填充物溶洞的注浆封堵

有填充物溶洞出现时，一般会伴随着大量的突泥涌水。施工过程中，需及时根据溶洞填充物的性质及地下水出流量和补给通道走向，制定专门的封堵方案。

对露空腔进行封堵处理时，为避免大量涌水造成地表水损失及环境破坏，对涌水溶洞采取“以堵为主、堵排结合、综合治理、保护环境、不留后患”的原则进行综合治理。

根据工程实际情况，遵循“技术先进、科学合理、经济适用”的原则，以确保施工及运营安全为目的，采取多种措施，综合治理，以期快速处理涌水段涌水，保证二衬质量，保护周边生态环境，不给隧洞运营留下质量和安全隐患。

根据岩溶的不同规模及填充情况，建议按照以下方案处理：

①对半填充的溶洞采用水泥砂浆进行填充。

②对全填充的溶洞采用水泥浆进行加固或采用水泥-水玻璃双液浆进行注浆加固、堵水。

③对溶孔、小溶腔采用水泥浆进行加固或采用水泥-水玻璃加固、堵水。

④对出水量较大、水泥-水玻璃双液浆注浆效果差的岩溶出水点，采用化学浆液进行补注浆堵水。

⑤对 TBM 掘进过程中未揭露出来，可根据超前地质预报手段探测到的溶洞性质及大小，对距离隧道开挖轮廓线 1 倍洞径以内范围的溶洞，采取超前钻孔方法，再采用灌注 C20 细石

混凝土的方法进行钻孔超前回填，以确保 TBM 安全通过。

⑥堵水注浆总体方案分三个步骤：隧洞周边水泥-水玻璃径向注浆加固，水泥-水玻璃顶水注浆，采用水泥-水玻璃注浆效果达不到预期效果时采用化学浆液进行径向注浆堵水。

1.7 易燃、易爆有害气体

地层中若存在易燃、易爆有害气体会严重威胁隧道的施工和后续的运营安全。当隧道施工接近或开挖存有易燃、易爆有害气体的地层时，气体即以较高速度扩散速度涌入隧道。当易燃、易爆有害气体积聚到一定浓度，遇火即会产生燃烧、爆炸，造成严重后果；若气体浓度积聚过高，可能导致人员窒息乃至死亡。隧道施工属于特殊有限空间作业，当隧道施工通过易燃、易爆等有害地层时，将对隧道施工造成灾难性威胁，一旦发生爆炸或燃烧，后果难以设想。

1.7.1 有害气体的种类及瓦斯隧道界定

1.7.1.1 有害气体主要种类及最高允许浓度

根据《公路隧道施工技术规范》（JTG F60—2009）、《铁路瓦斯隧道技术规范》（TB 10120—2002）、《煤矿安全规程》（国家安全生产监督管理总局令 2016 年第 87 号）、《建筑施工现场环境与卫生标准》（JGJ 146—2013）等相关规范的要求，隧道施工中作业环境要求如下：

①粉尘允许浓度：每立方米空气中，含有 10%以上游离二氧化硅的粉尘必须在 2mg 以下。

②氧气不得低于 20%（按体积计）。

③瓦斯或二氧化碳不得超过 0.5%（按体积计）。

④一氧化碳浓度不得超过 $30mg/m^3$。

⑤氮氧化物浓度在 $5mg/m^3$以下。

⑥二氧化硫浓度不得超过 $15mg/m^3$。

⑦硫化氢浓度不得超过 $10mg/m^3$。

⑧氨的浓度不得超过 $30mg/m^3$。

1.7.1.2 各种气体对环境和人体的影响

（1）空气中各种气体的含量

空气中各种气体及其含量如图 1.7-1 所示。

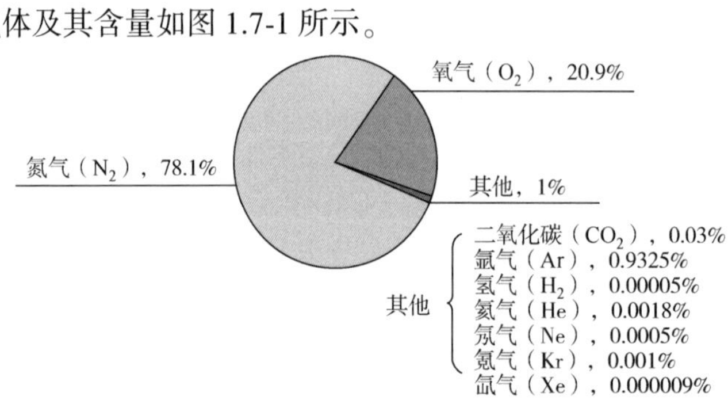

图 1.7-1 空气中各种气体及其含量（体积占比）

(2)氧气含量的影响

氧气含量对环境和人体的影响见表 1.7-1。

氧气含量对环境和人体的影响　　表 1.7-1

氧气含量(体积百分比)	对环境和人体的影响
>23%	更容易发生火灾,且会使火焰燃烧得更旺、火势更凶猛
20.9%	正常大气浓度
19.5%	人体所能承受的最低氧气浓度
15%~19%	工作能力下降,可能导致人体心脏、肺或血液循环系统的早期症状
12%~14%	呼吸急促,脉搏上升,协调能力降低,知觉和判断力减弱
10%~12%	呼吸更急促,判断力差,嘴唇发蓝
8%~10%	精神衰竭,晕倒,昏迷,脸色灰白,嘴唇发青,恶心呕吐
6%~8%	当持续 4~5min 时,经治疗可恢复;6~8min,死亡
<6%	40s 内人即进入昏迷状态,抽搐,呼吸停止,死亡

(3)一氧化碳含量的影响

大气中一氧化碳含量(或浓度)对人体的影响见表 1.7-2。

一氧化碳含量对人体的影响　　表 1.7-2

气体含量(体积百分比)	影响程度或人体症状
0.0035%	在工作场所 8h 内人体可接触的最大暴露极限
0.02%	2~3h,轻度头痛,疲劳,恶心和头晕
0.04%	1~2h,严重头痛;2~3h 后就有生命危险
0.08%	45min,头晕、恶心和抽搐;2~3h 后将会造成死亡
0.16%	20min,头痛、头晕、恶心;1h 内就会死亡
1.28%	1~3min,死亡

(4)硫化氢含量的影响

大气中硫化氢含量(或浓度)对人体影响见表 1.7-3。

硫化氢含量对人体的影响　　表 1.7-3

气体含量(体积百分比)	影响程度或人体症状
0.0005%	可嗅到气味
0.001%	眼睛有刺激感
0.0025%	强烈难闻的气味
0.01%	咳嗽,眼睛发炎,嗅觉丧失
0.025%	严重的眼部炎症,呼吸道刺激
0.06%	45min 内失去知觉,并可能死亡
0.085%	迅速失去知觉,呼吸停止,死亡

(5)二氧化碳含量的影响

大气中二氧化碳含量(或浓度)对人体影响见表 1.7-4。

二氧化碳含量对人体的影响程度或症状一览表 表 1.7-4

气体含量(体积百分比)	影响程度或人体症状
1%	在工作场所 8h 内人体可接触的最大暴露极限
1%~2%	呼吸加深,头疼、疲倦
3%	严重头疼,大量出汗
4%	脸红,心悸
5%	精神压抑
6%	不能进行体力劳动,视觉模糊
8%	发抖,痉挛,昏迷,死亡

1.7.1.3 瓦斯隧道的界定和划分

隧道中易燃、易爆气体以甲烷为主,又称瓦斯。瓦斯与氧气适当混合具有可燃性和可爆炸性。瓦斯爆炸主要是甲烷(CH_4)爆炸,CH_4爆炸浓度界限为 5%~16%。当 CH_4浓度低于5%时,遇火不爆炸,但能在火焰外围形成燃烧层,火焰呈淡蓝色;当 CH_4浓度为 9.5%时,其爆炸威力最大(氧和 CH_4完全反应);CH_4浓度在 16%以上时,失去爆炸性,必须不断供给新鲜空气,才能在接触界面上燃烧。

(1)瓦斯隧道的界定

围岩内含有瓦斯的隧道称瓦斯隧道。隧道内任何位置任何时间只要有一次发现瓦斯,即将该隧道定义为瓦斯隧道。

(2)瓦斯隧道的划分

根据《铁路瓦斯隧道技术规范》(TB 10120—2002),瓦斯隧道分为微瓦斯隧道、低瓦斯隧道、高瓦斯隧道及瓦斯突出隧道四种,瓦斯隧道的类型按隧道内瓦斯工区的最高级确定。

瓦斯隧道施工工区分为非瓦斯工区和瓦斯工区。瓦斯工区分为微瓦斯工区、低瓦斯工区、高瓦斯工区和瓦斯突出工区。瓦斯工区按绝对瓦斯涌出量进行判定:全工区的瓦斯涌出量=$0m^3/min$,为非瓦斯工区;<$0.5m^3/min$,为微瓦斯工区;≥$0.5m^3/min$ 且<$1.5m^3/min$,为低瓦斯工区;>$1.5m^3/min$,为高瓦斯工区。

瓦斯工区内只要有一处含瓦斯地层有突出危险,该工区即为瓦斯突出工区。瓦斯突出工区必须经过排放处理。

1.7.2 瓦斯隧道 TBM 施工应对措施

瓦斯一般存在于煤层或岩层的孔隙和裂隙内,山岭隧道施工中极易遇到瓦斯地层。目前国内 TBM 施工中还未有遇到瓦斯地层的记录,但在地铁隧道施工中,如成都、广州、武汉、杭州等地均遇到过瓦斯地层,广州地铁施工中还发生过瓦斯爆炸事件,此外,日本东京盾构施工中也发生过瓦斯爆炸事故。钻爆法开挖隧道中遇到的瓦斯地层更多,已有多个隧道发生过瓦斯爆炸事故,如董家山隧道、龙眼睛隧道、紫坪铺大坝隧道等。

在含易燃、易爆有害气体隧道进行 TBM 施工时，必须通过安全施工管理、瓦斯监测系统、隧道通风、隧道电器防爆等措施避免事故的发生，下面对相关措施进行系统阐述。

1.7.2.1　瓦斯隧道安全施工管理

瓦斯隧道施工应坚持“安全第一、预防为主、综合治理”的方针，制定完善的安全保障体系和制度体系，强化各参建单位的安全质量主体责任，大力开展安全教育和培训，加强安全质量管理。应做到：

①瓦斯工区施工应按该隧道实测瓦斯最高值进行安全施工管理，建立完善的施工通风与瓦斯检测管理制度。

②加强施工人员管理，瓦斯隧道开工前必须对施工作业及管理人员进行安全技术培训。爆破、电工、瓦斯检测等特种作业人员必须持证上岗。

③瓦斯工区施工中应严格落实“加强通风、勤测瓦斯、严控火源”的原则。

④瓦斯隧道施工应建立专门机构进行通风、瓦斯检测、瓦斯监控以及防突、防爆管理。设置消防设施，配备应急救援物资。

⑤制定电气设备和机械作业管理规章制度。

⑥实施洞口出入管理制度，进出洞人员应登记，严禁饮酒，严禁穿化纤衣服。

⑦制定事故预防及应急救援预案。

⑧制定瓦斯防治监理工作计划和实施细则，配置专职瓦斯监理工程师和专职瓦斯及通风监理员，在瓦斯工区施工的全过程中进行全方位的瓦斯防治监理工作。

1.7.2.2　瓦斯监测系统

1）瓦斯监测

在 TBM 施工作业期间，应随时对隧道内瓦斯浓度进行监测，尤其是隧道拱顶、TBM 及后配套台车的死角等易于形成瓦斯积聚且风流不易到达的地方。一旦有异常情况，按照安全施工管理规定执行。

2）瓦斯监控监测的主要技术设备

（1）气体检测系统组成及主要检测设备

结合隧道施工过程中所遇到的气体类型及各种气体特性、特点的不同，气体检测系统的组成和主要监测设备类型一般包括但并不限于以下设备或系统：

①催化燃烧式可燃气体监测仪。

②红外点式可燃气体监测仪。

③红外开路式可燃气体监测仪。

④有毒气体和氧气监测仪。

⑤火灾和气体监测系统。

⑥数据采集与监控系统。

⑦采样及吸气系统。

（2）主要监测气体和传感器类型

主要监测气体包含三类，对应三种传感器类型，如图 1.7-2 所示。

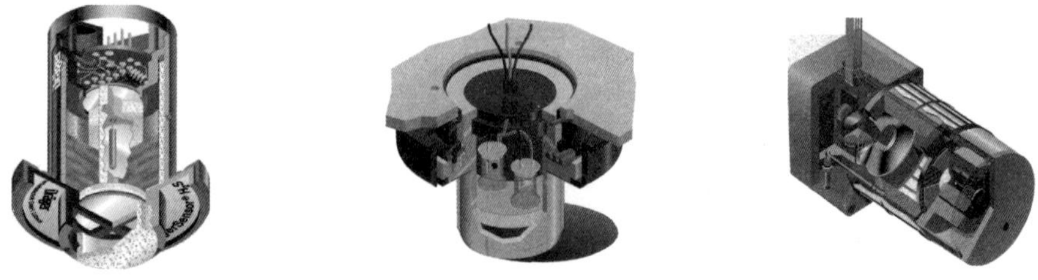

电化学毒气/氧气传感器　　催化燃烧可燃气传感器　　红外可燃/毒气传感器

图 1.7-2　主要监测气体种类和传感器类型

①电化学式传感器

工作原理:气体通过扩散方式进入传感器,在电极上与电解液发生氧化还原反应,上述反应产生的电流与被测气体的浓度成正比,环境因素的影响(如温度、湿度)由内置补偿元件来补偿。

②催化燃烧式传感器

工作原理:气体通过扩散方式进入传感器,在被加热的检测元件上和氧气反应进行无焰燃烧,引起温度、电阻值及电流/电压的变化。电流/电压的变化与被测气体浓度成正比。环境条件的影响(如温度、湿度)由参比元件来补偿。

③红外吸收式传感器

工作原理:被测气体能够吸收某一波长的红外线,通过检测红外光强度的变化,检测气体的浓度。

④特殊监测仪

鉴于隧道及地下工程属于有限空间的复杂环境下的施工,除对瓦斯气体需要进行密切检测外,还需对如容易产生明火的重大安全隐患等特殊环境进行监测。

3)瓦斯监测方案

TBM 设备配置瓦斯电闭锁监控系统,采用防爆设计,自带应急电源,断电情况下可维持 24h 正常工作。TBM 及后配套台车根据实际情况,配置若干防爆型甲烷传感器、硫化氢传感器、一氧化碳传感器、氧气传感器、二氧化碳传感器等。一般必须在主机区域、皮带机转渣点、主控室附近、除尘风机出口布置甲烷传感器,这些传感器可以实现隧道内瓦斯浓度的实时测量,具有就地显示和超限声光报警等功能,并且能够连续、自动地将隧道内瓦斯浓度转换成标准电信号输送给瓦斯监控中心,以达到控制 TBM 供电的目的。当任一甲烷传感器达到报警值,监测控制系统发出报警信号和关联设备的控制指令,可紧急停止 TBM 掘进,紧急制动刀盘和皮带机。图 1.7-3 为 TBM 常用的固定式和手持式气体检测仪。

成型隧道内每 100m 安装一台防爆型甲烷传感器,并布设成自动监测及报警网络,连续、自动地将隧道内的瓦斯浓度转换成标准电信号输送给控制中心。当任一甲烷传感器测得的瓦斯浓度达到报警值,监测控制系统可立即发出报警信号和关联设备的控制指令,并启动闭锁应急功能。

人工检测采用便携式瓦斯检测仪和光感式瓦斯检测仪,对作业区瓦斯易聚集处、隅角、回风流中的瓦斯浓度进行检测,以确保施工安全。每工作班安排瓦斯检测员以 30min/次的频率 12h 连续平行检测,检测结果应及时上报并做好存档记录。监测的位置主要包括:TBM 主机区域,设备桥、台车顶部,成型隧道顶部(每 50m 一次)。

a)固定式　　　　b)手持式

图 1.7-3　TBM 常用气体检测仪

监测结果的现场反馈机制要求：

①当瓦斯的体积分数达到 0.5%的警戒值时，通知工班，并立即汇报项目部，及时加强通风；瓦斯的体积分数每上升 0.1%，应向项目部汇报一次，并做好相关记录。

②瓦斯的体积分数达到 1%的警戒值时，应立即通知作业班长，停止施工，除防爆照明和防爆风机开启外，关闭所有电气设备；启动应急照明，撤离作业人员，同时汇报项目部，并做好相关记录。

③瓦斯的体积分数达到 1.5%的警戒值时，除开启防爆照明和防爆风机外，关闭其他所有设备，施工人员（包括瓦斯监测人员）全部撤离隧道。

1.7.2.3　加强隧道通风

通风是瓦斯隧道施工的关键。为确保 TBM 安全掘进，参考铁路瓦斯隧道经验及《铁路瓦斯隧道技术规范》（TB 10120—2002），TBM 隧道工程施工通风方式选用压入式通风（图 1.7-4），作为预防瓦斯浓度超标的主要措施。

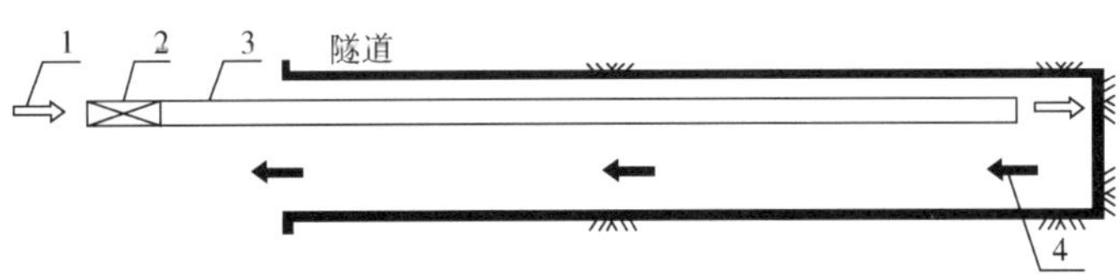

图 1.7-4　压入式通风示意图

1-新鲜风流；2-风机；3-双抗风管；4-污浊空气

（1）通风系统的主要技术参数

瓦斯地层隧道的通风要求较高，因此隧道通风应该作为瓦斯地层隧道施工中的首要风险控制因素。在施工中按下列要求通风：

①必须采用机械通风，通风量应能保证最小风速及隧道施工所需最大风量；内回流风速不低于 1m/s；隧道回流风中瓦斯的体积分数低于 0.5%。

②设独立的通风系统。主风机须安装在通风机房或通风洞内，并配备一台同等能力的备

用风机。备用风机保持良好的使用状态,在 10min 内能起动供风。

③在施工期间应保持连续通风,无特殊情况不得停风。若遇特殊情况下停风,必须同时停止洞内工作,并撤出人员。

④隧道通风管应具有阻燃和抗静电的性能,风管应平直,接头密封;被损坏的风管应及时拆换、修补;风管口距开挖面的距离保持在 30~50m。

⑤设专门的通风管理机构,负责通风系统各种设备的管理和检修,定期测定洞内风速、风量、气温、气压、瓦斯浓度,确保洞内有效风量。

(2)TBM 通风除尘系统设计要求

①按照瓦斯隧道要求配置二次风机的能力,二次风机须防爆。

②除尘器、除尘风机必须满足防爆要求。

③二次风管、除尘风管必须阻燃、防静电。

④TBM 主机、设备桥、后配套等顶部区域布置局部风扇,防止瓦斯聚集。

(3)风电闭锁控制

TBM 配置风速仪,实时监测隧道通风,并将信号传输到主控室。

①当无隧道通风或通风量非常小时,停止 TBM 掘进。

②当隧道通风中断 15min 以上,切断主电源,施工人员撤离。

③当隧道通风小于设计值的 75%时,上位机持续报警,检查隧道通风系统。

1.7.2.4 隧道电气防爆要求

瓦斯隧道内固定敷设的照明、通信、信号和控制用的电缆应采用防静电阻燃电缆。电缆的敷设应符合下列规定:电缆应悬挂,在隧道内悬挂点间的距离不得大于 3m;电缆不应与风、水管敷设在同一侧;若受条件限制,当电缆与风、水管敷设在同一侧时,必须敷设在管子的上方,其间距应大于 0.3m;高、低压电力电缆敷设在同一侧时,其间距应大于 0.1m;高压与高压、低压与低压电缆间的距离不得小于 0.5m。

电缆的连接应符合下列要求:电缆与电器设备的连接,必须与防爆性能相符合;电缆心线必须使用齿形压线板或线鼻子与电气设备连接;电缆之间若采用接线盒连接时,其接线盒必须是防爆型;高压低绝缘电缆接线盒内必须灌注绝缘充填物。

瓦斯隧道内的低压电气设备,严禁使用油断路器、带油的启动器和一次线圈为低压的油浸变压器。瓦斯隧道照明灯具的选用应符合下列规定:盾构前端照明灯具及隧道内固定照明灯具,采用防爆照明灯;移动照明,必须使用矿灯,隧道内高压电网的单相接地电容电流不得大于 20A;隧道内禁止高压馈电线路单相接地运行,当发生单相接地时,应立即切断电源;低压馈电线路上,必须装设能自动切断漏电线路的检漏装置;瓦斯隧道内的局部通风机和工作面的电器设备,必须装设风电闭锁装置;当局部风机停止运转时,应立即自动切断局部通风机供风区段的一切电源。

对于 TBM 的机电设备,应重点检查专用供电线路、专用变压器(为防爆型)、专用开关,以及瓦斯浓度超限与供电的闭锁、局扇风机与供电的闭锁情况。供电线路应无明接头,无接头连接不紧密或散接头,有漏电保护装置,有接地装置及避雷装置。电缆悬挂应整齐,防爆防护装置齐全。TBM 上的插座、插头、照明灯必须按照防爆要求设计,电气设备要定时检查。对于无法避免电火花的地点，配备局部通风机，把瓦斯的体积占比降低到 0.5%以下方可工作。

TBM 的二次风机、除尘器、除尘风机及其供电控制柜必须采用防爆设计，风管须采取防静电措施。

1.7.2.5　施工技术措施

在瓦斯隧道进行 TBM 施工时，要注意采取以下施工措施：

(1)超前地质探测

隧道区内岩层转折带、岩层产状突变处、节理裂隙发育地带、不通天断层破碎地段及不同岩层接触地段瓦斯易富集存在，因此有必要预先探明前方地质情况和瓦斯赋存情况，加强这些地段的地质预报，为安全施工提供各项准备资料。超前地质预报分为地质分析法、物理探测法、直接预报法和地质物探综合分析法。通过超前地质探测，判断是否有瓦斯分布、聚集，提前采取针对措施。

(2)防治瓦斯突出

防治瓦斯突出措施包括钻孔排放、预抽瓦斯、超前管棚、构造层固化。优先采用钻孔排放，钻孔排放时须采用防爆型钻机，湿式钻孔。

(3)加强超前支护

采用超前锚杆(或超前小导管)单液(或双液)注浆，加固围岩，堵塞岩体裂隙，减少或阻止瓦斯溢出。

①严格控制锚喷支护工艺。开挖后必须首先进行初喷混凝土作业，封闭围岩，减少瓦斯溢出。锚杆支护应紧跟工作面，严禁空顶作业，或采取超前支护措施。在完成初喷混凝土后，应及时安装钢拱架，定位后及时复喷混凝土。钢拱架应密贴岩面架设，背后空洞或空隙应喷射混凝土填充密实，表面应平整，严禁凹凸不平，避免瓦斯积聚。

②减少焊接动火作业。环向钢拱架各节段之间应采用螺栓连接，钢拱架之间纵向连接筋宜采用螺栓或预焊在拱架上的套管连接。当遇特殊情况必须采用电焊、气焊或喷灯作业时，应按动火审批程序和动火管理制度严格管理，加强瓦斯监控，并采取安全措施。

第2章　TBM极端施工环境

TBM施工的铁路隧道主要极端施工环境有:高地温、高寒、高海拔和高水压等。

2.1 高　地　温

高地温包括高岩温和高水温,是指由于岩体受地下热场影响,导致岩石温度较高的现象。高岩温导致洞内高温,会恶化施工作业环境,降低劳动生产效率,威胁作业人员健康和安全,降低施工设备效率甚至造成设备损坏无法工作,还会造成隧道支护开裂或破坏,影响结构安全和耐久性等。

2.1.1 高地温的成因和分类

高地温的形成按热源可分为三大类:地球的地幔对流热源、火山岩浆热源和放射性元素裂变热源。对隧道工程造成影响的,主要是火山岩浆热源和放射性元素裂变热源。

2.1.2 高地温预报

在高地温地层隧道施工过程中,应采取下列方法进行预报:

①通过测量开挖面及其附近岩面温度及变化进行预测、预报。

②根据地层构造、岩性、埋深等资料进行预测、预报。

③采用工程地质类比法进行宏观预报。

④采用超前钻机钻孔后通过地温计测量进行预测、预报。

2.1.3 高地温地层TBM施工要求

TBM在高地温地层施工时,应按下列要求进行作业:

①根据铁路行业相关标准、规范,隧道内环境温度不得超过28℃。

②为达到规定的标准,在TBM设计制造期间需要根据预计的洞内最高岩温、TBM施工产生的热量、洞外气温、冷却水进水温度、设备允许工作温度等条件和参数设计通风和冷却水循环系统,如有必要安装工业冷气机降低TBM施工区域的气温。

③在施工中一般采取加强通风、TBM通风制冷、低温冷却水、洒水喷雾、隔绝高温围岩、加强作业区空气流动、放置冰块辅助降温、设立低温休息室、增强个体防护、优化施工组织等多种方式相结合的措施应对高岩温。

④采用优质变频风机和风管,保证通风设备性能,确保向洞内掌子面送入足够的新鲜空气。

⑤地温很高时,可在正洞开挖工作面前方的一段距离,利用平导超前钻探;如有热水涌出,可在平导内增建降水、排水设施和排水钻孔,以降低正洞的水位。如正洞施工中仍有热水

涌出时,可采用水玻璃-水泥双液注浆,以发挥截水及稳定围岩的作用。

2.1.4　高地温地层衬砌作业要求

在高温(如 70℃)的岩体及喷混凝土上浇筑二次衬砌混凝土时,即使厚度很薄,水化热也不易逸出。由于混凝土内部和表面的温差,在早龄期有可能存在裂缝。因此,对二次混凝土衬砌应采取下述措施防止裂缝:

①为了防止高温时混凝土的强度降低,应选定合适的水灰比,并考虑到对温水的耐久性,宜采用高炉矿渣水泥(分离粉碎型水泥)。混凝土配合比和掺和剂应作试验优选。

②在防水板和混凝土衬砌之间设置隔热材料,可隔断从岩体传播来的热量,使混凝土内的温度应力降低。

③把一般衬砌混凝土的浇筑长度适当缩短。

④用防水板和无纺布结合成缓冲材料,用于隔离喷射混凝土,因此,混凝土衬砌的收缩可不受约束。

⑤适当设置裂缝诱发缝,一般在两拱角延长方向设置。

2.1.5　高地温地层施工作业人员防护

(1)合理安排高温作业时间

根据作业区的高温长度、劳动强度和劳动效率确定劳动工时,以保障施工人员的健康和安全。

(2)加强健康管理

高血压、心脏病患者,由于高温作业有引起症状恶化之虞。

疲劳、空腹、睡眠不足、醉酒等容易诱发中暑,此类人员应禁止参加劳动。

高温作业时,易发生维生素、水分、盐分的流失,对此需进行充分的补充。

为恢复体力,在适宜的温度、湿度环境下休息,或充分地卧床休息。

给作业人员提供隔热服、防暑饮料、营养片剂、呼吸器、空调休息室、急救室等设施和用品。

(3)高温中暑症的防治措施

在高温条件下施工,除采用降温措施外,还应注意中暑症的防治工作。

中暑症可分为热痉挛症、热虚脱症和热射症三种类型,其症状及处置如下:

①热痉挛。由于出汗过多,体内水分、盐分流失而引起。其症状为在作业中和作业后,发作性肌肉痉挛和疼痛。对此症状可采取充分地摄取水分和盐分予以缓解。

②热虚脱。由于循环系统失调而引起。其主要症状为血压降低、速脉、水脉、头晕、头疼、呕吐、皮肤苍白、体温轻度上升。采取的措施是:循环器官有异常的人员禁止参加施工;对有症状者增加补水次数,并在阴凉处静卧休息。

③热射症。由于体温调节中枢失调,体温上升。症状为体温高、兴奋、乏力和皮肤干燥等。采取的措施是:对高温不适应者应避免在洞内进行重体力劳动;在高温施工地段采用冷水喷雾等方法降温,必要时可对患者采取医疗急救。

2.2 高寒气候

地理学意义上的高寒指的是一种气候特征。它一般描述由于海拔高或者纬度高而形成的特别寒冷的气候区。高寒地区一般是指:海拔高、常年低温、冻土常年不化的地区,或高纬度、常年低温、冻土常年不化的地区。我国属于高寒地区的有黑龙江北部、甘肃西北地区、内蒙古部分地区,尤其以青藏高原高寒气候最具代表性。青藏高原平均海拔4000m以上,耸立于对流层的中部。与同高度的自由大气相比较,这里气候温暖,湿度大,风速小;但就地面而言,与同纬度的周边地区相比较,这里气候冷,干燥,风速大。这是巨大高原的动力和热力作用的结果。

青藏高原辐射强烈,日照多,气温低,积温少,日较差大;干湿分明,多夜雨;冬季干冷漫长,大风多;夏季温凉多雨,冰雹多;四季不明。大部分地区的最暖月均气温在15℃以下,1月和7月平均气温都比同纬度东部平原低15~20℃。按气候分类,除东南缘河谷地区外,整个西藏全年无夏。年总辐射量值高达5850~7950MJ/m^2,比同纬度东部平原高0.5~1倍。

青藏高原地区形成高山气候,气候特点是高寒。海拔高度超过3000m的西藏地区,每年11月初至次年3月初气温均较低,极端温度达到-20℃。

2.2.1 高寒气候对工期的影响

高寒字面上理解就是“高”和“寒”。“高”就是高海拔,高海拔因为空气稀薄、气压低、含氧量少,会引起人和机械设备的不适应性,对人而言主要是身体的耐受力和生活的适应性(包括基本生活保障和供应),对机械设备而言主要是机械效率下降和设备的适应性。“寒”主要是指气温较低,造成生活保障需求增多和工作效率降低(部分设备不能适应低温环境),包括有效施工时间的减少,这需要在施工组织中予以充分考虑。“高”和“寒”加在一起,会使不利因素叠加,对工程施工效率等会产生严重的影响。

以青藏高原地区高寒气候为例,其冬季气温很低,对混凝土等工程施工质量影响很大;一般在当年11月1日至次年3月1日为冬休时间,时间长达4个月,加上沿线道路遇冰雪天气运输困难,施工效率极低;高原地区生态脆弱,环保要求高,临时征地(项目驻地、便道及弃渣场等)审批周期较长;西藏自治区对油品、爆破物品的管控非常严格,上报、审批等流程时间长,不可避免地影响了施工工序衔接等问题,影响施工效率,对工期影响较大。从有利于施工组织和确保工期可控等方面综合考虑,在青藏高原极端环境条件下铁路隧道采用TBM施工是十分必要的。

2.2.2 高寒气候对人员的影响

气温随着海拔高度的升高而逐渐下降,一般每升高1000m,气温下降约6℃。高原大部分地区空气稀薄、干燥少云,白天地面接收大量的太阳辐射能量,近地面层的气温上升迅速,晚上地面散热极快,地面气温急剧下降。一天当中,高原的最高气温和最低气温相差很大,有时一日之内,历尽寒暑,有时白天烈日当空,气温高达20~30℃,而晚上及清晨气温却可降至0℃

以下,这亦是高原气候一大特点。

由于高原大气压低,水蒸气压亦低,空气中水分随着海拔高度的增加而减少,故海拔愈高气候愈干燥。高原风速大,人体体表散失的水分明显多于平原,尤以劳动或剧烈活动时呼吸加深加快及出汗,水分散出更甚。同时,由于高原缺氧及寒冷等利尿因素的影响,使机体水分含量减少,致使呼吸道黏膜和全身皮肤异常干燥,防御能力降低,容易发生咽炎、干咳、鼻出血和手足皲裂等。

2.2.3　高寒地区对隧道施工的影响防范措施

(1)洞外防寒措施

高山水池、供排水管路埋置于冻结线以下或对其进行包裹、覆盖防冻层等防寒处理。冬季混凝土生产严格按规范要求,并结合当地经验做法进行防寒处理。

(2)洞内防寒措施

洞口设置多道防寒帘布,排水沟按设计防寒措施严格执行。

2.2.4　高寒地区施工工期风险的防范措施

高寒地区施工时,针对工期风险采取下列防范措施:

①实时掌握天气变化情况,合理安排施工工序,尽可能地充分使用机械设备,充分保证作业时间,减少施工人员数量,降低劳动强度。

②合理安排组织施工,对冬季施工影响较大的混凝土工程,尽可能地安排在气温高时施工,冬季可安排做施工准备工作和隧道施工。在隧道施工时,提前充分做好防寒和物料储备工作。

③加强与地方政府相关部门沟通与协调力度,合理安排工序,精心组织,尽量减小对施工工期的影响。

④由于施工期间将大量使用水泥等混凝土原材料,难以保证远距离运输供应,可根据需要设置材料集中存储转运场,将大量水泥等材料提前存储在项目附近,同时存储转运场需具备存放水泥存储罐的能力。对于超尺寸、超重物资的运输,需加强与运管部门沟通,请其协调超尺寸、超重物资的运输安全。实时掌控运输道路情况,并及时调整运输路线。

⑤合理组织安排,充分规划使用好作业范围内的空间。

2.3　高　海　拔

国际通行的海拔划分标准为:1500~3500m 为高海拔,3500~5500m 为超高海拔,5500m 以上为极高海拔。通常,大部分人在 2438m(8000in)的高度以下不会有生理适应性问题;超过海拔 2438m 就有可能患上高山病,也称高原反应。故 2438m 常被作为与人的活动相关的高海拔分界点。高海拔会导致气温、气压、氧气含量和空气密度降低,对人员和机械设备影响较大。

2.3.1 高海拔对 TBM 设备的影响

2.3.1.1 电气系统

为了适应高海拔环境，在电气元件选型、安装、散热设计时充分考虑高原环境对电气系统的影响，确保电气系统在高原环境能够安全可靠运行；按照电气规范增大绝缘间隙，提高绝缘水平；选择符合高原应用容量的产品，保证灭弧能力及电气寿命，确保电气系统安全可靠运行。

(1)电气元件选型

电气元件在海拔 2000m 以下无须考虑降容使用，但 2000m 以上需要考虑降容使用以满足性能要求。元件降容使用包括电压降容使用及电流降容使用。为满足高原配电要求，按照元件降容参数进行选型。部分元件在海拔 4000m 时降容系数见表 2.3-1。

部分元件容降系数　　表 2.3-1

元　　件	NSX100H 100A	IC65N C16	电机接触器（以 LC1D18 为例）	ABB 软启动器
绝缘电压(V)	800	—	—	—
额定电压(V)	690	400	690	—
额定电流(A)	100	16	≤18	—
电压降容使用(V)	≤520	≤380	690×0.7=483	—
电流降容使用(A)	93	14×0.93=14.88	18×0.88=15.84	0.8×额定电流

从上表可看出，电气元件可承载的电压、电流均需要降容考虑。

(2)绝缘问题

空气稀薄导致绝缘性能下降，元件布局需加大绝缘距离。按照 IEC 规定，从海拔 2000m 升至 3000m，必须增加 14%的绝缘间隙，从海拔 3000m 升至 4000m，必须增加 29%的绝缘间隙。配电元件在布线时充分考虑工程所在地海拔相应的绝缘间隙，按照规定绝缘间隙进行布线。

(3)散热问题

空气稀薄导致散热能力下降，温度上升严重，为保证元件正常工作温度，配电柜设计加强散热能力，利用空调、水热交换装置等强制空气循环加强散热。

(4)其他影响

空气冷却的电工产品和电气设备的零部件在空气中灭弧比较困难。

气温日变化大，可能引起产品密封不易保持以及机械结构变形或开裂。

低气温引起电工产品和电气设备的干弧放电电压降低。

太阳辐射强度较大引起户外用电工产品和电气设备的温度增高，在氧气和水存在的条件下，还使有机绝缘材料和涂料等加速老化，缩短使用寿命。

2.3.1.2 液压系统

为了适应高海拔、高寒环境，在电气元件选型、安装、散热设计时充分考虑高原环境对液压系统的影响，确保液压系统在高原环境能够安全可靠运行：

①为降低油液黏度，提高泵的吸油能力，选择低牌号的液压油。

②选择耐低温的密封材料，以延长密封件的使用寿命。

③液压系统驱动功率在常规设计基础上增加 30%~45%，以应对低气压、高寒环境。

2.3.1.3　压缩空气系统

高海拔对压缩空气系统的影响主要体现在对空气压缩机的影响上：

①电气系统要按照隧道所在海拔高度设计。

②海拔越高，空气越稀薄，气压越低，压缩比越高，导致压缩机的消耗功率增大。

③海拔越高，冷却效果越差，电机温升越大，大气压力越低，风扇的压力越低，导致散热效果越差。

④海拔越高，油气比越大，含油量增加。

⑤海拔越高，流量降低量越大，表 2.3-2 反映了海拔高度增加量与流量降低量变化的情况。

海拔高度每增加 1000m 的流量降低量　　表 2.3-2

压缩机形式	自由排气量百分比(%)	质量流量或标准流量(%)
单极无油螺杆压缩机	0.3	11
两极无油螺杆压缩机	0.2	11
单极喷油螺杆压缩机	0.5	12
单极活塞压缩机	5	17
双极活塞压缩机	2	13
多极离心压缩机	0.4	12

注：上表为根据经验得出的海拔高度增加对压缩机的影响，工作压力为 0.7MPa，温度不变。

2.3.1.4　通风系统

高海拔对通风系统影响较大，与隧道通风的空气密度、设计气压、设计温度、风流密度、风机和风管的选择关系紧密。

(1)隧道通风的空气密度

空气密度计算按下面的公式进行：

$$\delta_H=\delta_0\left(1-\frac{\alpha H}{T_0}\right)^{4.26} \tag{2.3-1}$$

式中：δ_H——海拔高度为 H 时的空气密度；

δ_0——标准状态下的空气密度，可取 1.2kg/m^3；

T_0——绝对温度(273K)；

α——空气密度梯度。

(2)隧道通风的设计气压

设计气压计算按下面的公式进行：

$$P_H = P_0 \left(1 - \frac{\alpha H}{T_0}\right)^{5.26} \tag{2.3-2}$$

式中：P_H——海拔高度为 H 时的气压；

P_0——标准状态下的气压；

T_0——绝对温度（273K）；

α——空气密度梯度。

（3）隧道通风的设计气温

设计气温可根据当地的气象资料查找。如果无相关资料，也可按照海拔每上升 1000m 气温下降 6℃的经验进行估算。

（4）隧道通风的风流密度

风流密度 ρ 需要根据隧道区域历年平均气压，通过下述公式计算：

$$\rho = \frac{0.003458P}{273.16 + T} \tag{2.3-3}$$

式中：P——大气压力参数；

T——温度参数。

（5）风机和风管的选择

风机的选择既要考虑高海拔对电机功率和元件的影响，也要充分考虑高原低温和大温差对风机和风管机械性能的影响。

2.3.2 高海拔对人体的影响与应对措施

2.3.2.1 高原反应

高海拔对人体的主要影响是高原反应，也称高山病，是指人到达一定海拔高度后，身体为适应海拔高度带来的气压差、含氧量少、空气干燥等变化，而产生的一系列自然生理反应。

高原反应一般发生在到达高海拔 6~12h 后，少数在 1~3d 后发生，一般 3~7d 内恢复，情况严重的恢复时间可达 2 周以上。

高原反应较为普遍的表现有：胸闷、气短、干咳、头痛、头昏、乏力、厌食、恶心、呕吐、嗜睡、失眠、微烧等；多数人会因缺氧而嘴唇和指甲根发紫，有的人还会因空气干燥而出现皮肤粗糙、嘴唇干裂、鼻孔出血等；严重者会出现感觉迟钝、情绪不宁、精神亢奋、思考力与记忆力减退、听、视、嗅、味觉异常、产生幻觉等，也可能发生浮肿、休克或痉挛等现象。

视个体情况不同，高原反应症状和程度会有所差异。有的只出现上述单个或少数几个症状，有的则多一些；有的反应敏感、强烈；有的则较轻，甚至几乎没有。

2.3.2.2 不适合高海拔活动的人群

①一般来说，凡有明显心、肺、脑、肝、肾等疾病，严重贫血、高血压病和视网膜疾病患者，以及孕妇，均不宜进入高海拔地区。

②正患上呼吸道感染并发热，体温在 38℃以上，或者虽在 38℃以下，但呼吸道及全身症状明显者，应暂缓进入高海拔地区。

③儿童正处于身体发育期,综合抵抗能力较差,对高原低氧环境十分敏感,缺氧后比成人更容易引发高原病,而且后果较为严重、持久。根据有关研究和经验,不适宜带 10 岁以下儿童去高海拔地区。按标准,比较安全的年龄一般为 14 岁。

④年龄过大且身体状况不佳的老年人也同样不适合到高海拔地区。由于老年人身体机能退化,免疫力和应对特殊环境的能力下降,容易感冒或患上肠胃病,更容易发生急性高原病。

2.3.2.3　高海拔疾病紧急处理

不同于在低地,人在高海拔地区,任何一个不起眼的疏忽和大意,付出的可能就是生命的代价。因此务必高度重视,不能拿平原区人对健康和疾病的思维判断方式来衡量高原疾病。

在高原,危险性最高的是高原肺水肿和高原脑水肿。这两种高原病发病快,死亡率较高,要给予足够的重视和警惕。

对待高原肺水肿和脑水肿,要按照“积极预防,注意观察,尽早识别,及时治疗,迅速下撤”的原则进行处理。

(1)高原肺水肿

高原肺水肿通常发生在快速上升至海拔 2500m 以上后 24~96h。重要诱因是寒冷、劳累、抵抗力下降造成呼吸道感染,导致肺部积水。肺中的液体阻碍了有效的氧气交换,血液中含氧量降低,从而引发全身组织缺氧,严重时因大脑缺氧导致神志不清、昏迷,甚至死亡。

高原肺水肿的主要症状为:开始有些像急性高原反应,运动能力下降,疲倦乏力,静止休息也觉得呼吸困难,头痛,胸闷,心慌,干咳;随着病情发展,出现严重的呼吸困难,口唇、颜面青紫,胸痛,难以平卧,不断咳嗽,咳出稀薄的泡沫痰,开始为白色或淡黄色,后变成粉红色;如果将耳朵贴近患者胸壁,可听到肺部水泡样呼吸声(医学称“湿罗音”)。病人烦躁不安,严重者逐渐神志不清,如不采取措施,数小时内病人会昏迷、死亡。

(2)高原脑水肿

高原脑水肿多发生于急速上升至海拔 4300m 以上。主要原因是由于缺氧导致脑血流量增加,颅内压升高和脑水肿,以及脑容积膨胀,造成脑组织受压迫,脑细胞代谢障碍,功能紊乱,进而发生昏迷及死亡。其特点是:多发在夜间,发病急;发病率低,但死亡率高。

高原脑水肿的主要症状有:初期表现神情恍惚,萎靡不振,疲倦乏力,行为协调能力下降(直观识别:患者步履蹒跚,走路不直,有些醉酒症状;发展到一定程度,系鞋带、拿放小物品都困难,不能用手指准确指点自己的五官位置);随着病情发展,会剧烈头痛,喷射状呕吐,反应迟钝,智力降低(直观识别:简单的算术题都出错),失忆,嗜睡,渐渐神志模糊、昏迷,个别病人出现抽搐;严重昏迷者,多并发脑出血危及生命。

在高原上除做好一系列防护措施外,作业人员之间还要相互关注,一旦发现上述相关症状,及时沟通和报告。

对待疑似或确诊的高原脑水肿患者,有条件者立刻送往医院,不要擅自处理,贻误治疗时机。如果是在不具备医疗条件的地方,作为非专业人士,可以高流量输氧、口服两片“速尿”(情况严重者同时静脉注射地塞米松)、以最快速度下撤。对于脑水肿患者,可以同时冷敷额头,降低颅内压。不要拖延,更不要在原地等待救援,要以最快的方式下撤到海拔 600~1200m 位置立即就医。

2.3.2.4 高海拔地区施工注意事项

(1)保持良好的心态

良好的心态、乐观的情绪、坚强的自信心,可以减弱高原反应带来的身心不适;反之,过于紧张,无谓地忧心忡忡、思虑过度,稍有不适便慌乱起来,给自己负面心理暗示,会使身体不适加剧,延长缓解时间。

(2)足量饮水

在高海拔活动中,足够的饮水能维持机体平衡,使血液循环通畅、供氧能力增强、心肺负担减轻、快速排出毒素,从而在很短的时间内适应高海拔环境,摆脱高原反应痛苦,恢复良好的身体状况和体能。

(3)注意防寒保暖

高原地区天气变化快,建议不论何时,手边多带一件衣服,热了记得脱、冷了及时穿。另外注意尽量少洗澡、洗头。人在高海拔地区,身体机能失衡,抵抗力下降,极易遭到病魔侵害。如果在洗澡、洗头时稍有不慎,就可能患上感冒,其后果很难预料,尤其是对于刚到高原还处在反应期的人。

(4)合理膳食

在高原缺氧环境,人体新陈代谢受到影响,因而胃、肠、肝、胆等消化系统功能较在平原地区减弱,对食物的消化、吸收能力降低。而另一方面,人体在高原地区消耗的能量、维生素等却比平原地区大大增加。因此,在高海拔地区的膳食安排,既要考虑消化系统的承受能力,还要注意改善营养结构。少食过于油腻的食物,不宜吃得过饱,应严格限制或禁止饮酒,减少或者停止吸烟。

(5)适当运动

应该保持一定的活动量,积极主动地自我调整,一定要控制好运动节奏、幅度、频率以及活动量,轻举缓动。

(6)提倡晚睡,注意通风

在高原地区,一旦进入睡眠,由于副交感神经作用,呼吸会逐渐降到接近在平原地区的频率,导致缺氧,影响睡眠质量。略微推迟 1~2h 再睡会有助于睡眠。高原的空气稀薄,在做好防寒保暖的前提下,房间一定要保证良好的通风,否则容易导致头疼和其他不适症状。

(7)必要的药物和治疗措施

可以适当服用肌苷、维生素等保健、营养和抑制高原反应的药物,但不能依赖和过量。对于一些较重的高原反应症状,在确认程度不严重、不会恶化的前提下,为了不影响活动和睡眠,可以进行必要的药物治疗和调整。建议高原反应稍重的人,在没有危险且能够耐受的前提下,尽量不吸氧,努力依靠自身适应,否则容易形成依赖性,给施工带来不便和麻烦。

(8)充分沟通

感觉自己的身体状态异样时,应该向领导或有经验的人反映,应当及时处理和就医,不要逞强硬撑、不要隐瞒。同事之间要彼此多关注,一旦发现身边有人反应异常,应及时告诉领班或领导,及时采取处置措施。

(9)配备应急救生舱

为了适应高海拔缺氧环境,在 TBM 后配套拖车上应当设置应急救生舱。室内提供供氧、蓄电池等设施。内部有气体检测装置,可以对 O_2、CO、CO_2、CH_4等气体进行检测并控制,可以供应 18 个人 12h 的氧气需要。在安全施工期间,救生舱内布置氧气可以解决施工人员缺氧问题,缓解人员的高原反应。

2.3.2.5　其他注意事项

①在自信有足够能力的同时,还要充分做好吃苦、奉献的准备。在高海拔地区做工程,承担着比在平原做工程更大的压力和责任。因为既要面对更复杂的情况,处理各种预料之中和意料之外的问题,同时也要忍受着高原反应的折磨。

②施工的所有判断和决策以安全为前提。在整个过程中,遇重大事项,应该将情况、原委、可选择对策、可能出现的后果告诉上级领导,充分征求意见。

③平时应当注重高海拔活动、医疗急救、高原民俗等相关知识的学习,尽量掌握更多的直接和间接经验。

④尽量帮助其他人员克服紧张心理,缓解高原反应。

⑤及时关注其他人员的状态,提醒他人加减衣、饮水吃药和注意因不当行为可能带来的不良后果。

2.4　高　水　压

水是造成塌方的重要原因。地下水的软化、浸泡、冲蚀、溶解等作用加剧岩体的失稳和坍落。岩层软硬相间或有软弱夹层的岩体,在地下水作用下,软弱面的强度大为降低,因而发生滑塌。

2.4.1　高水压、富水隧道的防排水关键问题

关于"高水压、富水隧道"的定义,国内外没有统一的标准,一般是指隧道常年处于地下水位以下一定距离,地下水来源丰富,不能疏干,水压力较高,并且隧道衬砌壁后可能较长时间受到高水压力的作用。考虑到防水混凝土的抗渗等级一般大于 P6,因此高水压、富水隧道的水压力一般应大于 0.6MPa。

总结高水压隧道的防排水设计和施工经验,并参考有关文献,可以认为,高压、富水隧道防排水需要解决的关键问题是:

①如何控制隧道的外水压力。

②如何控制隧道衬砌背后的来水量。

③如何设置排水系统及解决泥沙含量高的水的排放问题。

④如何设置防水系统及控制施工质量。

⑤如何进行质量检验和评价。

这几个问题是相互联系和密不可分的,在进行隧道防排水设计和施工时,应根据隧道的工程地质和水文地质条件及环境条件,综合加以考虑。

2.4.2 高水压、富水隧道渗漏的原因

高水压、富水隧道的渗漏水原因很多，本小节就设计、施工、质量检验和评价方面的原因进行分析。

(1)设计问题

设计问题主要表现在防排水体系不合理，各道防线不匹配、混凝土抗渗等级低等。主要体现在以下几个方面：

①未充分重视围岩的防水作用，造成开挖面涌水、突泥。由于透水性较强围岩未进行处理或处理效果不好，隧道开挖后，地层中有股状水流出，水量较大，且与地下含水层、江水、河水连通性较强，随道开挖后封堵困难，造成隧道涌水、突泥，给防排水施工造成困难。

②隧道排水系统能力不足，衬砌背后的水不能及时排出，造成水压力上升。一方面，衬砌背后的来水量大于隧道设计的排水能力，造成隧道背后水压力升高或道床、路面积水，衬砌开裂或道路翻浆冒泥；另一方面，地层中的出水比较浑浊，容易堵塞排水通道，导致排水系统失效，造成隧道背后的水压力上升。

③设计对防排水材料未进行特殊要求，施工单位选用了一般材料，其力学指标或材料尺寸不能满足特殊的防排水要求，造成防水材料失效。例如：防水板和止水条抗水压能力较低，高水压很容易将其破坏；止水带宽度较小，与混凝土黏结不好，给地下水的渗透创造了条件。

④混凝土强度等级和抗渗等级不匹配，高水压下的抗渗性不满足要求。混凝土厚度太小，配筋量太大，混凝土振捣困难，导致抗渗能力不足。虽然结构强度和稳定性基本可满足要求，但混凝土密实度很难保证，在高水压长时间作用下，混凝土抗渗性能不满足要求。

⑤地下水在防水板背后的串流问题没有很好地得到解决。一旦防水板某处出现破损，地下水在混凝土背后串流，造成衬砌混凝土薄弱部位渗漏。

(2)施工问题

①排水系统未按要求施工，不合理地节省材料，降低防排水标准，给渗漏水留下了隐患。

②施工工艺不符合要求，例如防水板在铺设过程中破损，止水条、止水带安装工艺不正确，造成防水功能缺失。

③使用不符合国家或行业标准的材料，致使防水工程耐久性降低。

④混凝土原材料、外加剂、配合比、搅拌、运输、灌注、振捣等方面管理不到位引起的混凝土质量同题。

(3)检验方法和标准问题

①防水环节的检验缺少严格的检验方法和标准，现场试验比较困难。例如对于排水盲管、防水板、止水条及止水带性能及安装质量如何定量进行检验，没有统一的标准，现场很难操作。防排水材料试验比较复杂，现场进行检验和试验比较困难。

②混凝土的抗渗试验存在缺陷，抗渗等级不能满足抗高压水的要求。根据有关规范，混凝土的抗渗等级是以混凝土抗渗试验中，每组 6 个试件中 3 个试件未出现渗水的最大水压力进行计算，其计算公式为：

$$P=10H-1 \tag{2.4-1}$$

式中：P——抗渗等级；

H——6 个试件 3 个出现渗水的水压力（MPa）。

该试验方法存在两个问题：第一，6 个试件允许 3 个渗水，说明在此水压力下，混凝土有可能渗水，且渗漏的概率为 50%，再加上现场灌注的混凝土质量很难达到室内试验的条件，因此此等级难以保证相应水压下的抗渗能力；第二，试验时间相对较短，抗渗试验一般每 8h 加压 0.1MPa，如对抗渗等级为 P6 的混凝土来讲，其试验时间一般为 48h 左右，因此难以保证水压力较长时间作用下混凝土不渗不漏。

（4）其他原因

①混凝土内部的碱集料反应，使结构渗透系数增大。

②结构和防排水材料老化，造成结构防水性能降低和渗漏。

③地下水具有腐蚀性，钢筋锈蚀，造成结构抗渗能力降低。

④结构变形较大，造成防排水体系破坏。

⑤混凝土在空气中碳化，造成有效防水厚度减小。

⑥寒冷地区结冰和冻胀，造成防排水系统堵塞和破坏。

2.4.3　高水压、富水隧道的水压力和来水控制方法

（1）提高围岩体的抗渗能力

如果围岩裂隙很窄，并且无明显的管道，围岩的渗透系数较小，地下水渗透得比较慢，水压力在地层中发生衰减，那么，作用在衬砌上的水压力相对较小；如果地层中的空隙较大、节理、裂隙宽到一定程度，地下水在地层中发生管道流动，直接流到衬砌背后，而又不能及时排出，其水压力将直接传递作用在衬砌上，此时隧道将承受较高的水压力。

《水工隧洞设计规范》（SL 279—2016）规定，作用在隧道混凝土、钢筋混凝土、预应力混凝土衬砌结构上的外水压力，可按式（2.4-2）计算：

$$P_e=\beta_e\gamma_w H_e \tag{2.4-2}$$

式中：P_e——作用在衬砌结构外表面的地下水压力（kPa）；

β_e——外水压力折减系数，可按表 2.4-1 取值；

γ_w——水的重度（$9.81kN/m^3$）；

H_e——地下水位线至隧道中心的作用水头（m）。

水压力折减系数 β_e 值　　表 2.4-1

级别	地下水活动状态	地下水对围岩稳定性的影响	β_e 值
1	壁洞干燥或潮湿	无影响	0~0.20
2	沿结构面渗水或滴水	风化结构面充填物质，地下水降低结构面的抗剪强度，对软弱岩体有软化作用	0.10~0.40
3	沿裂隙或软弱结构面有大量滴水、线状流水或喷水	风化结构面充填物质，地下水冲刷结构面的抗剪强度，对中硬岩体有软化作用	0.25~0.60

续上表

级别	地下水活动状态	地下水对围岩稳定性的影响	β_e 值
4	严重滴水,沿软弱结构面有小量涌水	地下水冲刷结构面中的充填物质,加速岩体风化,将断层等软弱带软化、泥化,并使其膨胀崩解,以及产生机械管涌;有渗透压力,能鼓开薄弱的软弱层	0.40~0.80
5	严重股状流水,断层等软弱带有大量涌水	地下水冲刷携带结构面内充填物质,有渗透压力,能鼓开一定厚度的断层等软弱带,能导致围岩塌方	0.65~1.00

注:当有内水组合时,β_e 应取小值;无内水组合时,β_e 应取大值。

此外还规定:

①对有排水设施的水工隧洞,可根据排水效果和排水设施的可靠性,对作用在衬砌结构上的外水压力作适当折减。其折减值可通过工程类比或渗流计算分析确定。

②对工程地质、水文地质条件复杂及外水压力较大的隧洞,应进行专门研究。

表 2.4-1 定性地描述了水压力折减系数和地质条件的关系。其总体思路和隧道施工情况比较符合。通过改善围岩的力学性能,提高岩体的整体性,降低地层的空隙率,能够提高围岩的抗渗能力,降低作用在隧道衬砌上的水压力,同时,由于水压力的降低,可使围岩的渗透系数和流水速度减小,从而减少隧道的涌水量。

注浆加固可以充填岩体中的节理、裂隙及管道,缩小过水通道,从而减小岩体的渗透系数,控制衬砌的外水压力和衬砌背后的来水量。

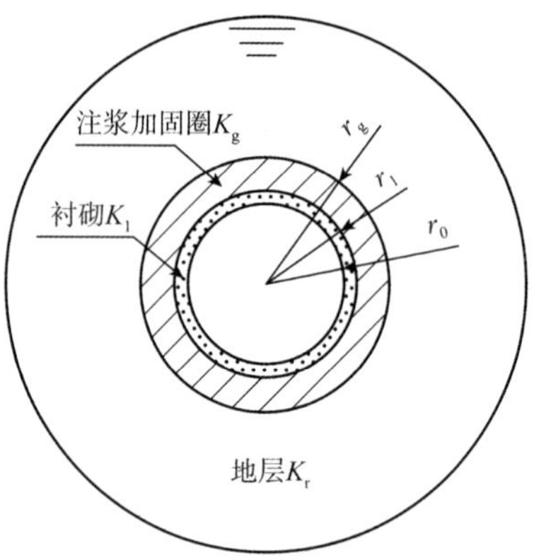

图 2.4-1　注浆加固圈渗流模型

注浆加固是提高围岩抗渗能力,防止隧道涌水的有效方法。以图 2.4-1 为例,通过注浆在隧道外围形成了注浆加固圈,假定围岩为各向同性均匀连续介质,根据达西定律和水流连续方程可得出水压力 P 和流量 Q 的计算公式:

$$P=\frac{\gamma H\ln\dfrac{r_1}{r_2}}{\dfrac{K_1}{K_r}\ln\dfrac{H}{r_g}+\dfrac{K_1}{K_g}+\ln\dfrac{r_1}{r_0}} \tag{2.4-3}$$

$$Q=\frac{2\pi HK_r}{\ln\dfrac{H}{r_g}+\dfrac{K_1}{K_g}\ln\dfrac{r_g}{r_1}+\dfrac{K_g}{K_1}\ln\dfrac{r_1}{r_0}} \tag{2.4-4}$$

式中:H——水头高度(m);

r_0——衬砌内径(m);

r_1——衬砌外径(m);

r_g——注浆加固圈外径(m);

K_r——围岩渗透系数；

K_g——注浆体渗透系数；

K_1——衬砌渗透系数。

从式(2.4-3)、式(2.4-4)可以看出，如果其他条件不变，并且衬砌的渗透系数 $K_1 \neq 0$，即二次衬砌允许排水，当围岩的渗透系数 K_r 减小时，作用在衬砌上的压力和地层的排水量都相应减小。

很明显，当围岩渗透系数和注浆加固体渗透系数都减小，隧道的外水压力和来水量均要减小。但应当注意，当注浆后围岩表面存在股水时，达西定律和渗透理论不再适用，注浆有可能只减小了涌水量，但并没有减小水压力。在大型充填型溶洞区，充填物比较复杂，浆液只能脉状扩散，注浆很难形成连续均匀的注浆加固圈，此时，注浆只能缩小过水通道，很难形成均匀连续的注浆加固圈，高压水很容易将浆脉之间的薄弱环节击穿，重新形成涌水点。

(2)采用合理的排水系统，控制水压力上升

每个隧道地质条件和环境条件均不同，建设单位和环保部门对隧道排水的要求也不同，因此隧道施工前，设计单位应认真评价隧道排水对环境、周围建筑物、结构、运营安全及维修养护的影响，并估算隧道运营期间的排水费用，确定隧道允许排水量，针对这一排水量进行隧道防排水系统设计。随着我国对环境保护的要求越来越高，对隧道排水的限制也越来越严格。

二次衬砌以前，如果围岩或初期支护存在严重渗漏或股状出水，一定要将水集中引排，将水引入水沟，并且排水管和排水沟的排水量应不小于隧道的来水量，做到排水顺畅，防止由于衬砌背后的水不能及时排出，造成水压力上升，水发生纵向串流导致渗水面积增大。

无论采用全包或半包的防水层，均应设置水沟，为了施工和维修、养护方便，最好设置侧沟。对于水量和水压较大的隧道，不宜采用全包防水层。

对于水量和水压较大的岩溶隧道，如果来水比较丰富，最好采用疏排结合的方法，即：一方面，通过连通过水通道，不改变地下水的流向，使水能够按照原来的路径流动；另一方面，通过在合适位置修建排水洞，切断过水通道，减少地下水对隧道的危害。在以上措施均无法实施的情况下，可采用注浆的方法，但高压岩溶水的封堵十分复杂，注浆时需要花费较高的费用和较长的时间。注浆方式应以超前注浆为主，径向、局部和补充注浆为辅。注浆后，岩壁上应看不到股水和明显流水。

2.4.4　高水压、富水隧道的防水系统设计

在高水压、富水隧道，可以采用下列措施进行防水系统的设计。

(1)设置隔离带，防止高压水纵向串流

隧道高压富水区往往集中在某些区段，如在高压、富水区段两端不设置隔离带，地下水往往会在衬砌背后纵向串流，水压力直接传递，使一般区段也发生渗漏，因此对于高压富水区应设置隔离带，使地下水在地层中渗流，水压发生衰减，从而减小高压富水区隧道渗漏水对相邻区段的影响。纵向隔离带可采取变断面、注浆帷幕、隔离铜板(或钢板)等多种形式。

①变断面防止地下水在衬砌背后直接串流

在高压富水区两端扩大断面，扩大断面的高度和宽度应比一般断面大 0.5~1.5m，扩大断

面的长度一般为 5~10m。这样,地下水如果要纵向流动,必须经过岩层,水压力有可能发生衰减;另外,高压富水区二次衬砌施工以后,如水量和水压不满足要求,可从变断面处打斜孔,对围岩进行加固,以进一步减小水压力和排水量。

②注浆帷幕形成阻水带

通过在高压富水区两端进行径向注浆,降低围岩的渗透系数,从而阻止地下水的纵向流动,减小高压富水区对一般地段的影响。径向注浆的加固深度应不小于 0.5D(D 为隧道直径),注浆段长应在 2.0D 以上。

③环向止水铜板

如变断面及形成注浆帷幕都比较困难,应在高压富水区两端设置环向波纹止水铜板,并在铜板两侧一定长度的混凝土背后取消防水层,并预留注浆孔进行径向注浆,从而保证铜板(或钢板)和混凝土结合紧密,防止高压水在衬砌背后直接纵向串流。根据水压力情况,确定铜板厚度,具体做法见图 2.4-2。

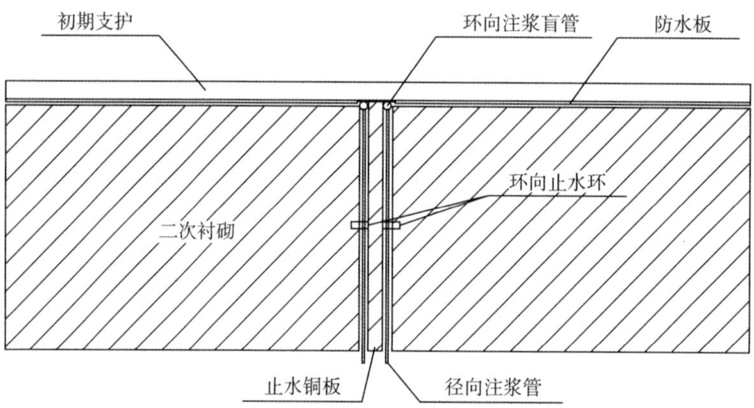

图 2.4-2　止水铜板阻水示意图

(2)实行多道防线,层层设防

隧道防排水应遵循“堵排结合,多道防线,因地制宜、综合治理”的原则。隧道防排水采取多道防线,层层设防。一般情况下,注浆加固圈、排水系统、防水层、二次衬砌均应考虑防水作用。注浆加固圈的作用是实现大堵小排,堵浑排清。排水系统的作用是达到排泄顺畅,限制水压。防水层和二次衬砌防水混凝土的作用是减少混凝土裂缝,提高抗渗能力,阻止地下水向外渗透,保证地下水的渗漏速度小于衬砌表面的风干速度,从而确保隧道不渗不漏。此外,混凝土施工缝和变形缝的设置方法也应该重点加以考虑。

(3)设计中应明确规定防排水材料的性能指标

对于高压富水隧道防排水材料的选择应特别慎重。目前,相关标准规范对一般隧道的防排水材料的性能作了规定,但对高压、富水隧道的防排水材料没有提出特殊要求,施工单位往往根据习惯选择材料,虽然材料厂家的材料符合有关标准,但不一定适合某一特殊的隧道,因此防水质量难以保证。

以防水板为例,一般常用防水板的抗渗性能指标为:在 0.2MPa 的水压力作用下保持 24h 不透水,即可认为合格。而对于高压、富水隧道,水压力远大于 0.2MPa,且作用时间有可能远远超过 24h。此外,由于初期支护表面凹凸不平,防水板局部受力过大,容易出现破损,引起渗漏,只有进一步提高防水板的抗渗能力,并保证铺设面光平整,接缝焊接牢固,才能保证防水效果。

对于高压、富水隧道,应采用分区设防。在高压富水区,由于水压力比较大,且受外界条件变化的影响可能发生变化,在高水压力的反复作用下,大部分止水条及一些嵌缝密封材料性能、与基面的黏结强度降低,其抗水压能力变差,且往往容易老化失效,因此施工缝和变形缝不适宜采用止水条,而应该采用性能优良的橡胶或橡塑止水带,必要时可采用橡胶钢板止水带、铜板或钢板止水带,并需设置两道,必要时中间预留注浆管,施工后注入刚性或柔性材料。

(4)防水混凝土的抗渗等级应与水压相匹配

二次衬砌混凝土的抗渗是防水的最后一环。抗渗性能优良的混凝土不仅保证防水效果,而且可以提高混凝土本身的耐久性,因此其抗渗等级应根据衬砌背后可能出现的水压力大小确定。有的规范规定,抗渗等级可取水压力的 3 倍,对于高压、富水隧道,如果水压力超过 1.0MPa,混凝土抗渗等级要达到 P30,但在隧道中要满足这样的条件是比较困难的。

2.4.5 高水压、富水隧道的防排水施工

2.4.5.1 防排水施工要求

在施工过程中一定要按照设计图纸和规范认真施工,确保防排水到达设计要求,提高机械化水平,实现标准化作业。

(1)确保防排水材料质量符合相关要求

①确保材料质量,使用符合设计要求和国家、行业标准的质量合格的材料。

②施工单位应委托具有相应资质的机构,检验每批次防排水材料,确保材料各项性能指标符合要求。

③材料在运输、保管和施工过程中应防止损坏。

(2)制定严格的施工工艺和管理方案,推行标准化作业

①编制详细的防排水施工方案和工艺,制定和完善防排水质量保证体系,严格按设计要求和技术规范、标准进行操作,按有关制度进行自检和报检,推行标准化作业,做好过程控制,不合格的部位要坚决返工重做。

②采用先进的施工工艺,并进行严格的施工管理。对于每道防线,制定严格的施工工艺、质量检验方法及评定标准,建立奖励惩罚机制,确保施工质量。排水盲管应保证数量,防水板不能破损,止水带安装位置应准确并固定牢固。

③提高机械化水平。目前隧道防水,大部分采用手工操作,作业效率低,工人工作环境差,施工质量难以保证,因此提高机械化水平,实现自动化作业是一个急需解决的问题。

(3)重视防排水细节,不断优化和改进施工方法

①实行分区设防,防止地下水直接串流。水压不同的区段应采用不同的防排水体系,并且应防止地下水在衬砌背后从高压区向低压区的纵向直接串流。目前防水板一般采用纵向搭接、连续铺设,若防水板某一处破损,由于水在衬砌背后的串流,往往导致相邻区段的衬砌发生渗漏。一旦发生串流,很难准确判断或找到渗漏水出水点,造成封堵困难。因此应在防

水板铺设一定距离后,设置隔离系统,进行分区防水,阻止地下水纵向直接串流。

②目前,防水板一般采用人工铺设,为了操作方便,防水板的幅宽一般为 2~3m。由于铺设面凹凸不平工人技术水平的差异,造成漏焊、虚焊、过焊等现象,可研制一种机械设备,进行自动铺设和焊接,并且实现宽幅铺设,减少焊缝。

③钢筋混凝土中止水带的设置方法。素混凝土中的止水带比较容易设置,但对于钢筋混凝土而言,由于钢筋的影响,止水带设置比较困难。如果止水带过窄,地下水渗透路径太短,往往起不到防水作用;如果止水带较宽,则需要穿过钢筋。对于铜板或钢板止水带,如要穿过钢筋,可采用焊接的方法进行处理,但对于橡胶止水带,如要穿过钢筋,处理比较困难。在可能的情况下应采用铜板和钢板止水带。如设置背贴式止水,一定要注意施工质量,确保防水效果。

④水的泥沙含量较大时的处理。首先,应考虑采用注浆的方法将水堵住,如完全堵住水压力太高,应通过堵水降低水中的泥沙含量,根据经验,泥沙含量低于 0.5%左右的水不会造成排水系统堵塞,可以集中排出;其次,在出水附近设置可拆卸的排水盲管,在运营过程中,能够及时疏通和更换,便于隧道养护。

⑤施工缝和变形缝的处理。止水带的宽度应合适,保证足够的渗透路径。止水带的位置应安装正确,固定牢固,防止混凝土灌注过程中移位。必要时,施工缝应预埋环向注浆管进行工后注浆,水泥浆中应添加防水剂和膨胀剂等外加剂,防止浆液固结后收缩。变形缝应采用和基面黏结能力强,柔软合适、性能稳定、耐久性好的嵌缝材料,防止结构变形后,防水能力降低。

2.4.5.2 防排水工程质量检验方法和评价标准

对于防排水施工质量要建立定量的评价体系,主要表现在几个方面:

①各道防水工序的施工工艺应制定统一的操作规程、检验方法和评价标准,便于规范化操作。尤其对于排水盲管安装、防水板铺设、止水带定位及防水混凝土施工,应制定统一的标准。

②对于各种防水材料的安装误差应给予明确规定,便于现场检验和控制。

③对于混凝土抗渗的检验,应规定一定比例的现场取芯检查,并纳入竣工验收文件。同时在进行室内试验时,将任意试件出现渗水时的压力参数作为评价混凝土的抗渗能力的标准之一。

④对环境条件不同的隧道,对于每米的出水量、最大出水点水量、每平方米湿渍面积及渗漏量、检验方法及仪器、工具均应进行严格规定,便于检查和验收。

2.4.6 渗漏水的处理与措施

即使设计合理、施工质量优良的隧道工程,发生渗漏水也是难免的。一旦发生渗漏水,应首先判明原因,然后选择合理的材料和工艺,进行渗漏水处理,要采用耐久性好和环保型的材料,严格进行工艺控制,确保施工质量。根据大量的工程经验,衬砌背后的回填灌浆是治理渗漏水的有效方法,应给予高度重视。

高压富水隧道的防水问题是一个十分复杂的问题,需进行特殊设计和施工。设计时首先确定高压富水区的位置、隧道的允许排水量及衬砌背后可能出现的最高水压力，然后选择可靠的防排水体系及防排水材料。施工时应确保所购材料的性能指标符合要求并进行严格检验，采用合理的方法和先进的工艺，提高机械化施工水平，推行标准化作业，制定详细的检验方法和评价标准，严格进行工艺质量的控制及防水效果的检查，监理单位加强监督以确保高压富水隧道的防排水质量。具体原则性措施如下：

①对围岩进行注浆加固是减小高压、富水隧道水压力和涌水量的有效方法。

②应针对高压富水隧道的不同特点设计防排水体系，可以借鉴其他隧道的经验，但不能照搬；为了检验防排水体系的有效性，应进行现场试验，调整和优化。

③高压富水隧道应充分考虑材料的特殊要求，并进行严格检验。

④高压富水隧道的防排水施工应编制详细的施工方案，制订完善的施工工艺，严格管理，精心组织，认真实施。

⑤高压富水隧道应重视排水系统，通过适量排水可以减小作用在衬砌上的水压力。

第3章　TBM施工应急措施

3.1　紧急停机

紧急停机是指在TBM施工过程中即将出现重大灾害或类似重大险情时，为避免人员伤亡和设备的严重损坏，而采取的TBM施工紧急中断、停机、人员撤离等措施。

在出现重大自然灾害时，TBM施工负责人或施工单位应充分判断灾害的形势紧迫程度，下达紧急停机指令，并紧急疏散相关作业人员。同时，TBM各系统的操作及技术人员应立即做好紧急状态下的停机响应措施。

紧急停机期间，TBM施工负责人或单位应制定定期检查值守工作制度，成立灾害应急处置小组，最大限度降低损失。

3.1.1　TBM辅助设备系统的应急操作

(1)锚杆钻机系统的应急操作

①锚杆钻机停止打孔作业，退回钻杆并将钻机工作状态恢复至原始状态。

②按下遥控器急停按钮，关闭遥控器电源，并将遥控器收存至主控室内。

(2)钢拱架安装器系统的应急操作

①停止钢拱架安装作业，钢拱架拼装机退回原位。

②按下遥控器急停按钮，关闭遥控器电源，并将遥控器收存至主控室内。

(3)混凝土喷射系统的应急操作

①条件允许情况下，停机之前应释放掉系统内的残留混凝土。

②清洗混凝土输送管路。

③清洗输送泵。

④按下遥控器及混凝土输送泵控制柜的急停按钮，关闭遥控器电源，并将遥控器收存至主控室。

3.1.2　TBM主司机的应急操作

①根据停机事件的紧急程度，做好主司机岗位应急操作职责，配合指挥人员做好安全撤离工作。

②立即停止TBM刀盘，如果时间允许，按照停机顺序依次停止出渣皮带机系统、撑紧撑靴、落下后支撑；如果时间不允许则可立即按下主控室控制台的总急停按钮。

③停止TBM所有动力系统。

④按下主控室总急停按钮。

⑤关闭TBM主控室操作台电源、主控室照明电源、上位机系统、导向系统,锁闭主控室门。

⑥安全撤离TBM。

3.1.3 TBM电气系统的应急操作

①TBM电气系统应由专业电气技术人员操作。

②关闭液压流体系统、主驱动系统的动力电源。

③关闭主机区域控制柜的控制电源。

④关闭PLC控制系统。

⑤断开应急发电机系统馈线开关,取消应急发电机与电网的"互锁"控制关系。

⑥断开主配电柜的馈线柜电源。

⑦断开主变压器电源。

⑧通知洞外变电站断开TBM进线侧电源。

⑨安全撤离TBM。

3.2 人员撤离

为保证隧道TBM施工安全,有效处置突发事件,在人员撤离时做到忙而不乱、迅速有效、统一指挥,紧急撤离到安全集合地点,需要遵守相应要求。

3.2.1 撤离条件

因隧道不安全因素多,时有突发事件,灾害频繁,严重时会发生掘进、通风、供电等停止,塌方、突泥、涌水、坍塌等灾害,造成财产损失和危及人身安全,短时间内无法恢复正常运行。在这种情况下,必须将井下人员紧急撤离、疏散到安全地点(地面),以确保施工人员人身安全。

在设定人员撤离条件时,各施工项目应根据具体情况进行细化,作为现场指挥人员评判是否撤离的标准。

3.2.2 撤离组织结构

明确人员撤离小组成员设置及岗位职责:

①组长:项目主要负责领导。

②副组长:生产及安全负责领导。

③组员:其他领导。

④现场指挥组:具体负责隧道内作业班组在撤离时的指挥工作,保持与外界联系,确保作业人员按照规定路线进行撤离,其组员应为洞内主要生产领导及作业班组长。

⑤后勤保障组:具体负责人员撤离的后勤保障及物资供应,应由材料负责人、办公室负责人主要负责。

⑥指挥调度组:全面负责组织、指挥、调度,制定人员紧急撤离、疏散方案,确保全员撤离、

疏散到安全地点,使事故损失降低到最低限度。

⑦通信组:全面负责移动通信、固定电话、广播扩音器的维护,满足救灾需要,保证通信正常运行,应有办公室人员参与。

⑧医疗组:撤离过程中有可能出现受伤情况,医疗救护组必须做好准备,医疗人员现场等候,备好救护器材及药品,搞好救护工作。

⑨抢险组:如在撤离过程中遇到坍塌或其他突发情况,有人员无法顺利撤离,抢险组在指挥调度组指挥下利用现场设备及人员进行抢险救援工作。

3.2.3 行动原则

按照人员撤离条件,出现相关情况后现场值班人员应立即向调度室汇报灾害情况,调度室接到电话后,立即通知组长及副组长,组长及副组长应立即决定是否执行人员紧急撤离、疏散预案,并通知各组人员马上到调度室待命,听从指挥调度组的统一安排、指挥和调动。

3.2.4 人员紧急撤离原则

所有各小组必须在指挥调度组的统一安排、指挥下撤离,隧道现场指挥组结合洞内实际情况指挥作业人员按照撤离路线撤离。现场指挥组必须随时与指挥调度组保持联系,随时将现场情况向洞外指挥部汇报。其他各组人员必须在第一时间赶赴现场,以“实际出发、科学出谋、安全第一、以人为本、措施有效”的原则,听从统一安排,服从指挥,做到有序撤离、疏散,防止事故扩大。切不可惊慌失措、拥挤,更不能自作主张、私自行动,造成二次事故发生。

3.2.5 注意事项

①对于洞内作业人员当班的撤离指挥人员,必须明确其岗位与职责。另外需对第一负责人出现意外或不在现场时的情况充分考虑,每个班组设定一名临时指挥员。

②对于撤离路线的设定,首先必须按照 TBM 机器上规定的逃生路线进行撤离,其次明确从机器至隧道外部(井上)路线及交通方式,并告知所有成员。

③从 TBM 上撤离时,到达隧道外部集合点时必须先进行人数清点。

④撤离前应使除照明外的其他 TBM 设备全部处于停止状态,如时间允许应切断主要设备的电源开关后再行撤离。

3.3 隧道救援

《客货共线铁路隧道施工技术规程》(Q/CR 9653—2017)对隧道逃生及救援做出了相关规定,应遵照执行。

3.3.1 一般规定

隧道施工前,对下列可能发生重大安全事故的风险,必须进行危险源辨识和安全风险评估,并制定针对性的措施或应急预案。

①对瓦斯隧道、有突(涌)水风险的隧道,必须进行瓦斯防爆、防突及防突(涌)水的专项

设计，制定专项施工安全技术方案及应急救援预案。

②对隧道火灾、坍塌等风险，应制定应急救援预案。

③对其他自然灾害（大雨、强风、雪、雷、地震和海啸）可能造成安全事故的风险，应制定应急处理措施。

应急救援预案应包括下列内容：

①简述工程概况。

②预测、辨识和评估紧急情况或事故灾害及其后果对内、外部造成破坏的可能性及严重程度。

③规定应急救援各方组织的详细职责。

④明确应急救援行动的指挥和协调。

⑤应急救援资源配置要求。

⑥建立分级响应机制。

⑦制定具体、详细的紧急情况或事故灾害发生时保护生命、财产和环境安全的应急措施。

参建各方必须建立应急组织机构及预警、指挥系统，指定专门的管理部门和人员负责应急救援预案管理工作。

应与附近医院、消防队、临近施工队伍及其他救援组织建立正式的互助协议，并做好相应的安排，确保在应急救援中及时得到外部救援力量和资源的援助。

隧道施工中必须配备必要的救援物资和设备器材，并设专人管理，对配备的应急救援机械设备、监测仪器、堵漏和清洗消毒材料、交通工具、个体防护设备、医疗设备和药品、生活保障物资等，应进行定期检查、维护和更新，确保应急救援物资和设备能随时投入使用。

隧道施工必须事先规划逃生路线，并在隧道适当位置设置避难、急救场所，避难处应准备足够数量的逃生设备、救护器械和生活保障品等。

隧道内交通道路及开挖作业等重要场所必须设置安全应急照明和应急逃生标志，应急照明应有备用电源并保证光照度符合要求。

隧道施工期间各施工作业面必须安装警报装置，警报装置的设置应符合下列规定：

①设置警报设备的场所，应有应急照明，并在停电时能够识别。

②使用电源的警报设备应配备备用电源。

③警报设备应采用手动警报设备、自动警报设备、旋转灯、广播设备用的扩音器及其他警报设备，组合使用，互为备用，保证其性能可靠。

隧道施工期间通信系统必须保证畅通，必要时应采用远程监控系统，及时掌握现场情况。同时应满足下列要求：

①必须在现场各应急组织相关部门、洞口值班室、开挖工作面及其他必要的地方设置通信设备。

②使用带电源的通话装置应配备备用电源，保证停电时不影响使用。

③通信设备应采用洞内有线电话，并保证其性能可靠。

根据现场实际情况，必须定期组织应急预案的桌面演练或模拟演练。演练前应结合施工环境改变和以往演练的情况制定计划，演练后应及时评审，并不断改进和完善应急救援体系。

隧道内所有施工作业人员必须经过应急救援培训。应急救援培训应包括下列内容：

①了解潜在危险的性质和对健康的危害。

②熟悉应急救援程序。

③掌握必要的自救及互救知识。

④了解预先指定的主要及备用逃生路线、集合地点及各种避难急救场所位置。

⑤了解各种警报含义,掌握警报设备、通信装置、避难器具等的使用方法。

3.3.2 应急救援

(1)一般规定

当隧道施工中发生险情时,应迅速作出判断,确定相应的响应级别,并按响应级别启动应急救援程序,同时根据下列各项要求,迅速开展事故的侦测、警戒、疏散、人员救助、工程抢险等有关应急救援工作:

①值班人员和安全负责人应立即通过警报装置通知隧道内所有作业人员紧急撤离。

②现场最高管理者应负责指挥疏散撤离,各级调度人员应坚守岗位,保持通信畅通,及时反馈人员撤离及险情出现情况等信息。

③应及时上报地方政府或相关救助部门,请求紧急救援,做好相关配合工作。

④现场应采取设置安全警戒线或隔离措施,防止其他人员进入危险区域,避免灾害损失的扩大。

⑤进行事故原因分析,收集事故物证,调查引发事故的具体原因和相关责任人。

⑥制定相应的预防措施和工程处理措施,上报建设、设计、监理和相关单位,按批复的方案对事故进行处理。

隧道灾害事故处理和救援应按图 3.3-1 所示的工作程序进行。

(2)瓦斯燃烧、中毒、爆炸险情

隧道内发生瓦斯燃烧、中毒、爆炸险情后,应采取下列措施:

①立即切断洞内所有施工及照明线路电源。

②立即停止施工,作业人员全部撤出,同时清点施工人数,确认人员伤亡情况。

③立即报告应急抢险领导小组,并及时上报相关单位。

④派专人封锁现场,防止无关人员进入危险区域。

⑤应急抢险救援指挥组织人员现场勘察,立即对遇险、受伤人员组织急救。

⑥非救护队成员不得进洞抢救。救护队在执行任务前,必须了解事故性质,并制定侦察工作的安全措施,方可进入事故区进行侦察。救护队必须在统一指挥下开展抢救工作,严禁个人单独行动。

⑦可供临时处置的供氧呼吸机、清洗器具、急救箱、担架等医药卫生设备及时到位。

⑧救助受困人员至安全地带,撤离施工设备。

⑨事故处理救护基地,应设在安全区附近有新鲜空气流动的安全地带。对受伤的人员进行临时处治,防止伤势恶化。

⑩应立即与当地医疗单位联系,将受伤人员就近转送医院治疗。

⑪事故调查及处理。

(3)突(涌)水

隧道内发生突(涌)水险情后应采取下列措施:

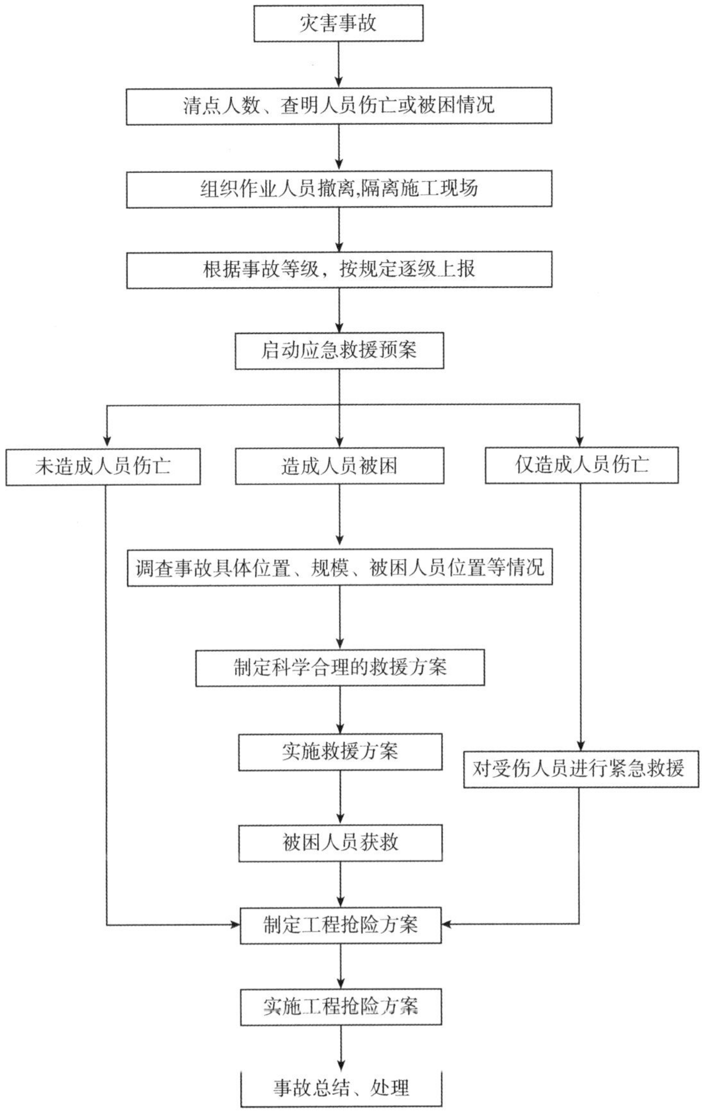

图 3.3-1　隧道灾害事故处理和救援工作程序

①突然遇到大面积渗漏水时,应即刻督促工作人员停止工作,撤至安全地点。同时应对出水部位、水量大小、变化规律、水的浑浊程度等进行观测记录,采取必要的防护措施,并上报监理单位。

②在爆破作业后突然发生特大涌水,当洞内设有防水闸门时,作业人员应立即启动报警系统,关闭防水闸门,按既定的逃生路线进行洞内人员和机械设备的撤离,并利用防水闸门处安设的大功率抽水机对突(涌)水段进行抽排水。当洞内未设防水闸门时,作业人员应按既定的逃生路线立即撤出。

③在开挖作业过程中发生特大突(涌)水,开挖工作面人员应立即沿逃生路线迅速向洞外或避难所撤离,同时启动报警系统,发出警报信号,迅速切断电源,启动应急照明,当涌水量较

大时，人员可利用事先准备的救生圈、皮划艇等逃生。

④及时上报相关单位。

⑤对遇险、受伤人员组织急救。

⑥突(涌)水保持稳定后，利用大功率抽水设备进行排水。

⑦在涌水量及水压降低后进行机械设备急救。

⑧采取必要的措施对突(涌)水进行封堵及事故处理。

(4)塌方

当隧道发生塌方时应采取下列措施：

①立即停止施工，作业人员全部撤出，同时清点施工人数。

②必须按事故分级规定迅速向上级有关单位报告，并立即启动施工单位的应急预案实施救援。

③组织无关人员撤离事故现场。

④当隧道塌方造成人员被困时，参建各方必须在调查清楚塌方发生的部位、规模、被困人员避难位置等具体情况基础上，制定科学合理的救援方案，防止二次灾害发生。可选择从联络通道、隧道另一端、隧道侧面、洞顶等处快速开挖一个断面合适的小导洞，将被困人员尽快救出。

⑤在开挖救援小导洞的同时，应利用高压风管等现有条件继续与洞内被困人员保持联系，并向洞内供风、供氧、供应食物及药品等。

⑥被困人员救出后应由专业医护人员进行救治。

⑦事故调查及处理。

(5)火灾

当隧道内发生火灾时应采取下列措施：

①及时迅速启动报警系统。

②起火初期，当火势不大，未对人与环境造成较大威胁时，应运用平时培训演练的技能，就近采用灭火器、水管等消防器材，尽可能地在第一时间将火扑灭。

③当火势失去控制时，应判明方向，迅速判断危险地点和安全地点，组织作业人员按逃生路线向洞外或附近避难所撤离。

④及时上报相关单位。

⑤对遇险、受伤人员组织急救。

⑥事故调查及处理。

(6)自然灾害

在可能发生自然灾害的地区施工时，应有计划地采取下列相应的措施：

①随时收集气象和地质资料。

②可能发生自然灾害时，应立即停止施工，对施工现场进行警戒检查并采取防护措施。

③在警报解除后，应确认无危险源方可进行作业。

④为防止大雨造成的灾害，隧道施工应注意：当洞口地质地形可能因降雨引发泥石流时，应采取加固措施；机械设备应尽早向安全场所转移或进行拆除，防止水淹、倾倒；可能发生漫水、沉陷或垮塌的地方，应进行加固处理，并设警示标志。

⑤在遇强风、暴风时,对各种大型机械应采取防止倾倒及滑跑措施,对临时设备、脚手架等应采取保护措施。

⑥在跨冬季作业时,为了防止雪灾,施工时应注意:施工设施不应设在可能发生雪崩的地点;必须对相关道路和施工用地进行除雪,保护车辆及人员安全,防止临时设施倒塌;对道路、水路等,必须设置警示标志。

⑦为防止雷击造成的灾害,应设置雷电报警器和避雷针。当有雷击危险时,隧道洞内外应立即停止爆破作业,作业人员应退避到安全场所。

⑧为防止地震和海啸造成的灾害,应关注预报信息,加强避灾演练。地震发生时,应迅速组织作业人员退避到安全场所。

第 4 章　TBM 施工案例

4.1　吉林引松供水工程四标

4.1.1　工程概况

吉林省中部城市引松供水工程是从第二松花江丰满水库库区引水,解决吉林省中部地区城市供水问题的大型调水工程,是松辽流域水资源优化配置的主要工程之一。

引松供水工程位于吉林省中部,工程的供水范围为长春市、四平市、辽源市及所属的九台市、德惠市、农安县、公主岭市、梨树县、伊通县、东辽县、长春双阳区等 11 个市、县(区)的城区,以及供水线路附近可直接供水的 26 个镇。

引松供水工程主要由输水线路和配套的调节及连接建筑物等组成,包括 1 条输水总干线、1 个分水枢纽、3 条输水干线、干线末端 3 个调节水库、12 条输水支线、支线 7 个调节(检修)水库和各线路上相应交叉及附属建筑物。输水线路总长 634.96km,输水干线线路全长 263.45km,其中,隧洞长 133.98km,管线 PCCP(钢管、现浇涵)长 129.47km。分水枢纽主要由冯家岭泵站及其进出水建筑物组成,共设 2 座提水泵站,净扬程分别为 32m(四平)、104m(辽源),总装机容量 19240kW。

引松供水工程四标隧洞长度为 23km,采用一台直径 7.93m 的敞开式 TBM 掘进机结合人工钻爆法施工。其中,钻爆法施工段采用装载机配合自卸汽车出渣,TBM 法施工段采用连续皮带机出渣,采用无轨运输与有轨运输相结合的运输系统。

引松供水工程四标隧洞平面布置见图 4.1-1。

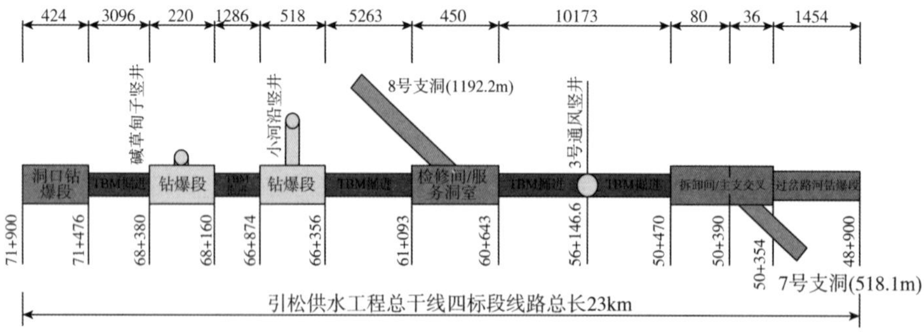

图 4.1-1　引松供水工程四标隧洞平面布置图(单位:m)

4.1.2　隧洞围岩情况

引松供水工程四标隧洞围岩类别占比见图 4.1-2。

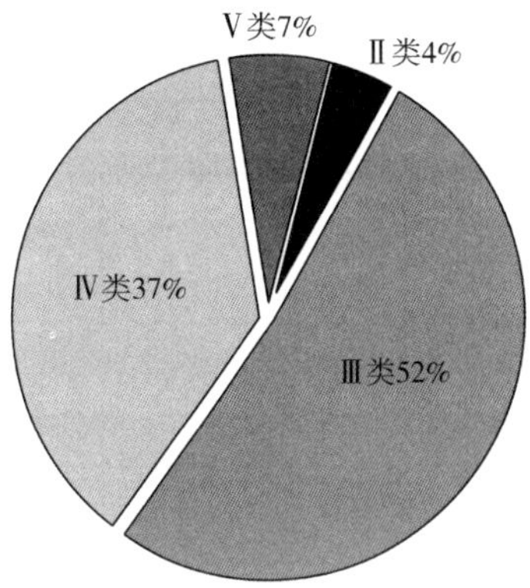

图 4.1-2　引松供水工程四标 TBM 施工段围岩类别占比

隧洞围岩具体分类详见表 4.1-1。

隧洞围岩分类表　　　　表 4.1-1

桩　　号	洞段长度(m)	岩 性 代 号	洞室部位主要岩性	围 岩 类 别
48+900.0~49+185.0	285	δO_5^2	石英闪长岩	Ⅲ
49+185.0~49+205.0	20	δO_5^2	石英闪长岩	Ⅳ~Ⅴ
49+205.0~49+550.0	345	δO_5^2	石英闪长岩	Ⅲ
49+550.0~49+700.0	150	δO_5^2	石英闪长岩	Ⅳ~Ⅴ
49+700.0~49+850.0	150	δO_5^2	石英闪长岩	Ⅲ
49+850.0~49+900.0	50	δO_5^2	石英闪长岩	Ⅳ~Ⅴ
49+900.0~50+280.0	380	δO_5^2、γ_5^2	石英闪长岩、花岗岩	Ⅲ
50+280.0~50+670.0	390	γ_5^2	花岗岩	Ⅱ
50+670.0~50+900.0	230	γ_5^2	花岗岩	Ⅲ
50+900.0~51+130.0	230	γ_5^2	花岗岩	Ⅱ
51+130.0~51+380.0	250	γ_5^2	花岗岩	Ⅲ
51+380.0~51+780.0	400	γ_5^2	花岗岩	Ⅲ
51+780.0~51+980.0	200	γ_5^2	花岗岩	Ⅳ~Ⅴ
51+980.0~52+400.0	420	γ_5^2	花岗岩	Ⅲ
52+400.0~52+470.0	70	γ_5^2	花岗岩	Ⅳ~Ⅴ
52+470.0~52+650.0	180	γ_5^2	花岗岩	Ⅲ
52+650.0~53+180.0	530	γ_5^2	花岗岩	Ⅱ
53+180.0~53+430.0	250	γ_5^2	花岗岩	Ⅲ
53+430.0~53+510.0	80	γ_5^2	花岗岩	Ⅳ~Ⅴ
53+430.0~53+790.0	280	γ_5^2	花岗岩	Ⅲ

续上表

桩　　号	洞段长度(m)	岩性代号	洞室部位主要岩性	围岩类别
53+790.0~53+900.0	110	γ_5^2	花岗岩	Ⅳ~Ⅴ
53+900.0~54+140.0	240	γ_5^2	花岗岩	Ⅲ
54+140.0~54+440.0	300	γ_5^2	花岗岩	Ⅱ
54+440.0~54+810.0	370	γ_5^2	花岗岩	Ⅲ
54+810.0~54+890.0	80	γ_5^2	花岗岩	Ⅳ~Ⅴ
54+890.0~54+940.0	50	γ_5^2	花岗岩	Ⅲ
54+940.0~55+040.0	100	γ_5^2	花岗岩	Ⅳ~Ⅴ
55+040.0~55+620.0	580	γ_5^2	花岗岩	Ⅲ
55+620.0~55+940.0	320	γ_5^2	花岗岩	Ⅳ~Ⅴ
55+940.0~56+160.0	220	γ_5^2	花岗岩	Ⅲ
56+160.0~56+330.0	170	γ_5^2、T_3x	花岗岩、凝灰岩	Ⅳ~Ⅴ
56+330.0~56+390.0	60	T_3x	凝灰岩	Ⅲ
56+390.0~56+450.0	60	T_3x	凝灰岩	Ⅳ~Ⅴ
56+450.0~57+130.0	680	T_3x	凝灰岩	Ⅲ
57+130.0~57+255.0	125	T_3x	凝灰岩	Ⅳ~Ⅴ
57+255.0~57+910.0	655	T_3x	凝灰岩	Ⅲ
57+910.0~58+010.0	100	T_3x	凝灰岩	Ⅳ~Ⅴ
58+010.0~58+190.0	180	T_3x	凝灰岩	Ⅲ
58+190.0~58+330.0	140	T_3x	凝灰岩	Ⅳ~Ⅴ
58+330.0~58+675.0	345	γ_5^2	花岗岩	Ⅲ
58+675.0~58+850.0	175	γ_5^2	花岗岩	Ⅳ~Ⅴ
58+850.0~60+204.0	1354	γ_5^2、C_1L	花岗岩、凝灰质砂岩	Ⅲ
60+204.0~60+234.0	30	C_1L、T_3x	凝灰质砂岩、凝灰岩	Ⅳ~Ⅴ
60+234.0~60+519.0	285	T_3x	凝灰岩	Ⅲ
60+519.0~60+579.0	60	T_3x	凝灰岩	Ⅳ~Ⅴ
60+579.0~61+013.0	434	T_3x	凝灰岩	Ⅲ
61+013.0~61+043.0	30	T_3x	凝灰岩	Ⅳ~Ⅴ
61+043.0~61+763.0	720	T_3x	凝灰岩	Ⅲ
61+763.0~62+013.0	250	T_3x	凝灰岩	Ⅳ~Ⅴ
62+013.0~62+364.0	351	T_3x、δ_4^3	凝灰岩、闪长岩	Ⅲ
62+364.0~62+394.0	30	T_3x、δ_4^3	凝灰岩、闪长岩	Ⅳ~Ⅴ
62+394.0~62+664.0	270	T_3x、δ_4^3	凝灰岩、闪长岩	Ⅲ

续上表

桩　　号	洞段长度(m)	岩性代号	洞室部位主要岩性	围岩类别
62+664.0～63+264.0	600	δ_4^3	闪长岩	Ⅱ
63+264.0～63+564.0	300	δ_4^3	闪长岩	Ⅲ
63+564.0～63+964.0	400	δ_4^3	闪长岩、灰岩	Ⅱ
63+964.0～64+064.0	100	δ_4^3	灰岩	Ⅲ
64+064.0～64+324.0	260	δ_4^3、$C_{1-2}m$	灰岩	Ⅳ～Ⅴ
64+324.0～64+684.0	360	$C_{1-2}m$	灰岩	Ⅲ
64+684.0～64+844.0	160	$C_{1-2}m$	灰岩	Ⅳ～Ⅴ
64+844.0～65+564.0	720	$C_{1-2}m$	灰岩	Ⅲ
65+564.0～65+814.0	250	$C_{1-2}m$	灰岩	Ⅳ～Ⅴ
65+814.0～65+954.0	140	$C_{1-2}m$	灰岩	Ⅲ
65+954.0～66+004.0	50	$C_{1-2}m$、$D_{1-2}cj$	灰岩	Ⅳ～Ⅴ
66+004.0～66+120.0	116	$D_{1-2}cj$	灰岩	Ⅲ
66+120.0～66+390.0	270	$D_{1-2}cj$	灰岩	Ⅳ
66+390.0～66+874.0	484	$D_{1-2}cj$、Q_4^{dpl}	灰岩、碎块石含黏性土	Ⅴ
66+874.0～67+044.0	170	$D_{1-2}cj$	灰岩	Ⅳ
67+044.0～67+940.0	896	$D_{1-2}cj$、$C_{1-2}m$	灰岩、泥质粉砂岩	Ⅲ
67+940.0～68+397.0	457	$C_{1-2}m$	灰岩	Ⅳ～Ⅴ
68+397.0～68+824.0	427	$C_{1-2}m$	灰岩	Ⅲ
68+824.0～69+084.0	260	$C_{1-2}m$	灰岩	Ⅱ
69+084.0～69+176.0	92	$C_{1-2}m$	灰岩	Ⅲ
69+176.0～69+326.0	150	$C_{1-2}m$	灰岩	Ⅳ～Ⅴ
69+326.0～69+456.0	130	$C_{1-2}m$	灰岩	Ⅲ
69+456.0～69+922.0	466	$C_{1-2}m$	灰岩	Ⅳ～Ⅴ
69+922.0～70+319.0	397	$C_{1-2}m$	灰岩	Ⅲ
70+319.0～70+379.0	60	$C_{1-2}m$	灰岩	Ⅳ～Ⅴ
70+319.0～70+599.0	220	$C_{1-2}m$	灰岩	Ⅲ
70+599.0～70+699.0	100	$C_{1-2}m$	灰岩	Ⅳ～Ⅴ
70+699.0～70+823.0	124	$C_{1-2}m$	灰岩	Ⅲ
70+823.0～71+123.0	300	$C_{1-2}m$、C_1y	泥岩、砂岩凝灰岩	Ⅳ～Ⅴ
71+123.0～71+173.0	50	C_1y	凝灰岩	Ⅲ
71+173.0～71+663.0	490	C_1y、Φ52	凝灰岩、钠长斑岩	Ⅳ～Ⅴ
71+663.0～71+773.0	110	Φ52、T_3d	钠长斑岩、砂砾岩	Ⅲ
71+733.0～71+855.0	82	Φ52	钠长斑岩	Ⅳ

4.1.3 主要不良地质及处理措施

(1)岩溶地质

TBM 掘进施工过程中针对岩溶不良地质围岩主要采取以下措施:

①通过多重超前地质预报手段确定岩溶的规模、形态、充填情况、稳定情况、地下水状态、与洞室位置的关系等,采取合理的开挖方法和处理措施。

②根据已有的地质勘查资料,本工程范围内溶洞多为充填溶洞,根据溶洞发育特征及各种灌浆工艺的特点,对于半填充和全填充溶洞采用静压灌浆法注入素水泥浆进行处理。

TBM 施工过程中遇到的溶洞见表 4.1-2。

TBM 掘进揭露溶洞统计表 表 4.1-2

序号	分部桩号	溶洞类型	出露部位	形状	地质描述
1	70+574.5~70+572.6	小型溶洞	右侧起拱线处	轴向长 2m,环向宽约 4m,深度无记录可查	溶洞壁发育方解石晶簇,溶洞中空,周围节理裂隙串珠状发育小溶腔
2	70+458.0~70+437.0	大型溶洞	全断面	看不出明显形状	整个洞段溶蚀严重,从外表可见泥夹大块石,局部发育小型空腔
3	69+254.0~69+238.0	大型溶洞	右侧壁	出露面积较大,长约 16m,宽约 6m,深度不详	填充方解石晶簇和锈黄色松散物质,局部位置存在无填充空腔
4	68+355.0~68+351.0	大型溶洞	顶拱位置	长约 8m,宽约 4m,深约 1.5m	处于贯通位置,只能看到一部分,充填黄色泥质(不确定是否夹碎块石)
5	66+897.3~66+893.5	小型溶洞	右上侧	长约 4m,宽约 2.5m,深度不详	填充黄色泥岩,附近溶蚀裂隙发育,沿裂隙发育有小溶孔
6	66+829.0~66+798.0	中型溶洞	上断面	该段发育多个溶洞,最大溶洞长约 8m,宽约 3m,深约 2m	沿裂隙溶蚀发育,产生较多大小溶洞、溶隙,溶洞填充泥质为主
7	66+742.0~66+733.0	中型溶洞	上断面	溶洞长约 9m,宽约 7m,深约 5m	填充泥及碎块石,不稳定
8	66+727.5~66+721.2	小型溶洞	右侧起拱线处	溶洞长约 5m,宽约 4.5m,深约 0.5m	洞壁溶蚀严重,TBM 开挖后仅见溶洞壁面,填充物不详
9	66+721.5~66+715.4	中型溶洞	顶拱位置	溶洞长约 7m,宽约 5.5m,深约 1.5m	溶洞填充泥及碎块石,开挖后产生掉块塌腔,不稳定
10	66+239.0~66+217.0	大型溶洞	顶拱	溶洞长 22m,宽度大于 8m,深度 4~5m	处在断层破碎带中,填充泥及碎块石,地下水发育,出现突泥、突沙
11	66+216.1~66+209.7	小型溶洞	右上侧	长约 6.5m,宽约 4m,深约 2m	处在断层破碎带中,充填泥及碎块石
12	66+125.0~66+113.0	中型溶洞	右侧壁	长约 9m,宽约 5m,深约 2m	溶洞充填泥及碎块石,周围裂隙溶蚀发育,出露串珠状小溶腔
13	65+941.5~65+958.5	大型溶洞	上断面	长约 17m,宽约 7m,深 3~6.5m	大型溶洞,填充泥及岩屑,局部位置发育方解石晶簇,形成较大空腔

续上表

序号	分部桩号	溶洞类型	出露部位	形　状	地质描述
14	63+708.3~63+705.0	小型溶洞	右侧边墙	长约 3.3m，宽约 3.2m，深约 6m	沿裂隙发育小型溶洞，填充泥质

(2)断层破碎带

根据地质勘查报告资料，本标段地质构造复杂。TBM 在断层及破碎影响带中掘进时，围岩变形大，易造成塌方、掘进方向难以控制、TBM 撑靴落空无法推进等难题。对于 TBM 过断层破碎带施工，主要采取以下应对措施：

①通过多种手段进行超前地质预报，探明掌子面前方破碎带边缘、长度、破碎程度以及含水情况等，确定针对性的处理方案。

②对隧道前方断层破碎带的围岩进行超前加固。

③在 TBM 通过断层破碎带时，适当调整 TBM 的掘进速度、刀盘转速等掘进参数，这样能有效减小对围岩的扰动，从而降低发生塌方的可能性。

④加强支护，对于一般破碎地段，采用人工及时喷射混凝土或喷钢纤维混凝土的支护措施；对于严重破碎地段，可采用加密钢拱架、挂设双层钢筋网、以型钢代替连接筋等支护措施。如图 4.1-3 所示。

图 4.1-3　破碎围岩支护

(3)突泥、涌水地段

涌水将直接对 TBM 掘进造成重大影响，重者将淹没设备。本工程在 7km 灰岩地层掘进中共出露 30 多处出水点，其中 TBM 穿越小河沿沟谷时最大涌水量 $1200m^3/h$，穿越七间房沟谷段时最大涌水量为 $1500m^3/h$，如图 4.1-4 所示。

根据敞开式 TBM 的施工原理，结合国内外敞开式 TBM 施工案例和经验，敞开式 TBM 遇突泥、涌水地段无法掘进通过，因此必须提前进行超前地质预报，确定不良地质段的长度及范围，准确判定发生部位，提前处理突泥地段，TBM 步进通过。若仅为涌水，无突泥或掌子面失稳时，主要采取以下措施：

图 4.1-4　突泥、涌水

①通过引、排、封堵和排堵结合的方式，做到不出现突水和大的涌水。

②掘进后，将工作面的涌水或注浆后的剩余水量及时排离工作面。对侧壁的漏水采用挡遮、引排措施，保证喷射混凝土质量。喷射混凝土后，由于水压升高有可能使一次支护破坏，则采用引排方法或壁后注浆法封堵。当水压过高，水量过大时，采用围岩注浆，将水填堵在围岩内部。

③建立突(涌)水的预警报警系统和应急预案，确保人员和设备的安全。

4.1.4　TBM 施工情况

引松供水工程四标隧洞全长 23km，TBM 自 2015 年 6 月 1 日始发掘进，于 2018 年 1 月全线贯通，除去人工开挖段，TBM 总掘进长度约 17.5km。最高月进尺 1318.7m，最高周进尺 351.9m，最高日进尺 70.8m，掘进月平均月进尺 603m。2016 年 9 月至 11 月，由于 TBM 第一阶段贯通后，进行了为期 3 个月的中间转场至第二掘进段，这段时间内 TBM 未掘进。TBM 详细进尺情况见图 4.1-5。

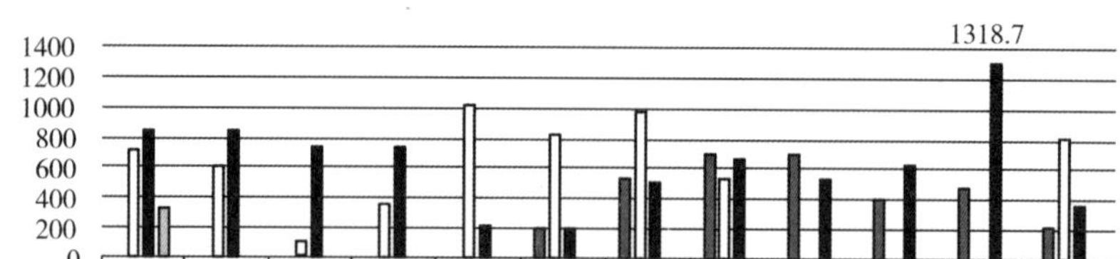

	1月	2月	3月	4月	5月	6月	7月	8月	9月	10月	11月	12月
■2015年						200	546.4	721.3	718.3	425.3	492.6	226.8
□2016年	726	632.6	125.2	367.7	1021	845.9	988	543.3	0	0	0	820.8
■2017年	858.7	848	760.6	753	224.2	210.3	514.8	681.9	552.7	649.6	1318.	375.3
■2018年	339											

图 4.1-5　引松供水工程四标 TBM 月进尺统计表(单位:m)

4.2　高黎贡山隧道工程

4.2.1　工程概况

大瑞铁路高黎贡山隧道全长 34.538km，为时速 140km/h 的电气化铁路隧道，洞内线路纵坡为“人”字坡，隧道最大埋深 1155m。本隧道采用“1 平+1 斜+2 竖”的辅助坑道设置方案。

综合考虑隧道地质条件、洞口场地及交通条件等因素，本隧道进口段采用钻爆法施工，施工长度 21.198km；出口段采用 TBM 施工为主，施工长度为 13.34km，正洞采用 1 台直径 9.03m 的敞开式 TBM 施工，平导采用 1 台直径 6.36m 的敞开式 TBM 施工。高黎贡山隧道平面布置见图 4.2-1。

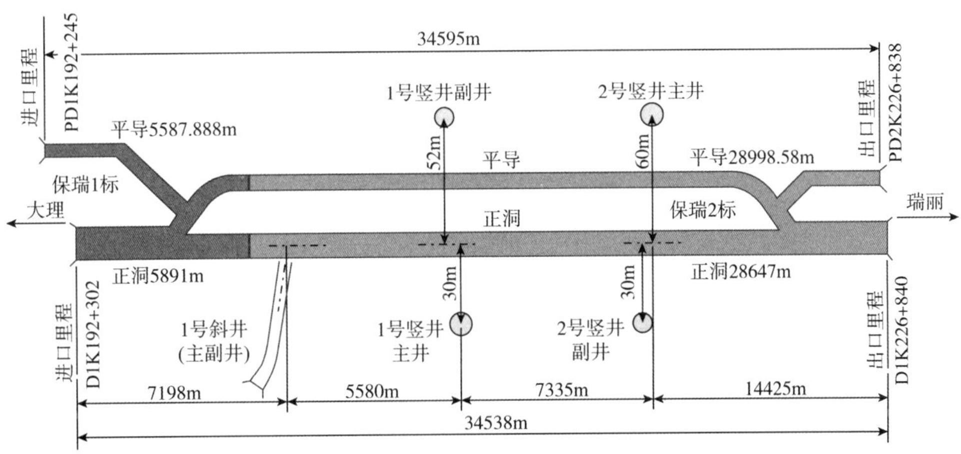

图 4.2-1　高黎贡山隧道平面布置图

高黎贡山隧道出口段主要地层岩性为燕山期花岗岩、中泥盆系回贤组白云岩、志留系中上统灰岩、白云岩夹石英砂岩。TBM 掘进段Ⅱ级围岩 2040m，占比 16.9%；Ⅲ级围岩 5230m，占比 43.3%；Ⅳ级围岩 3580m，占比 30%；Ⅴ级围岩 1180m，占比 9.8%。花岗岩地段石英含量 35%～60%，岩石单轴饱和抗压强度 4.6～65.2MPa。主要发育广林坡断层、老董坡断层、塘房断层、傈僳田断裂等 4 条断层和 2 段蚀变岩带。预测软岩大变形段总长 410m，轻微岩爆段 180m。黎贡山隧道纵断面见图 4.2-2。

TBM 掘进段地下水以基岩裂隙水为主，全隧道正常涌水量为 17 万 m^3/d，预测最大涌水量为 19.2 万 m^3/d。

4.2.2　TBM 施工设计

高黎贡山隧道采用 2 台敞开式 TBM，正洞 TBM 直径 9.03m、平导 TBM 直径 6.39m。正洞 TBM 设备生产周期 10.5 个月（包括部件加工制造、工厂预组装、工厂调试、工厂验收、设备运输等）。

平洞 TBM 采用原重庆地铁 6 号线 TBM 设备（TBM 编号：TBMCT007R），经过再制造（周期 4 个月，包括刀盘整修、部件整修、工厂预组装、工厂调试、工厂验收、设备运输等）后重新施工作业。

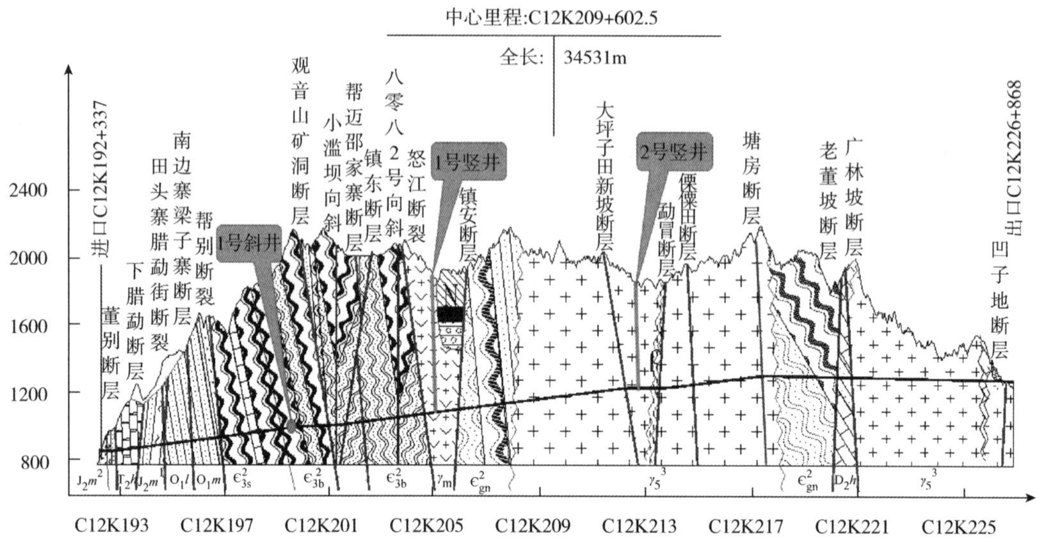

图 4.2-2　黎贡山隧道纵断面图

4.2.3　主要不良地质及处理措施

（1）平导 TBM 不良地质段施工

2018 年 2 月 7 日 TBM 掘进至里程 PDZK225+287.461 处，刀盘被掌子面坍塌渣体卡住无法启动，掌子面及拱部围岩松散破碎，节理密集切割，大量破碎松散块状渣体堆积在刀盘周边，拱部塌腔最高处达 5m（图 4.2-3）。

采取措施：通过空腔回填加固、刀盘周边掏渣等措施，于 2018 年 2 月 26 日成功脱困，卡机脱困用时 20d。

2018 年 3 月 26 日，TBM 掘进至里程 PDZK224+738.423 处，刀盘顶部及前方持续坍塌，大量渣体卡住刀盘无法启动（比设计断层破碎带里程要提前，破碎带长度约 131m）。

图　4.2-3

图 4.2-3　现场影像照片

现场采取措施：①通过盾尾及刀盘，对刀盘及盾体周边松散破碎围岩进行化学灌浆（图 4.2-4、图 4.2-5）；②在拱顶自盾尾向掌子面方向人工开挖小导洞，并对前盾位置进行扩挖（图 4.2-6）；③通过导洞扩挖空间施作超前管棚，对前方围岩进行加固（图 4.2-7）；④利用扩挖空间对刀盘周边积渣进行人工清理。

通过上述措施，TBM 于 2018 年 7 月 19 日恢复正常施工，顺利通过该不良地质段。

图 4.2-4　刀盘上方围岩坍塌及化学灌浆注浆

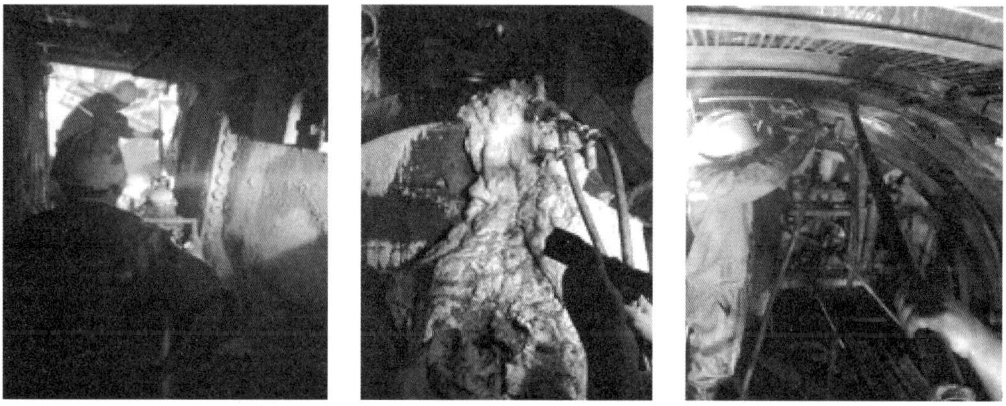

图 4.2-5　刀盘内打孔、掌子面注浆、盾尾注浆

图 4.2-6 导洞施工、扩挖处施工

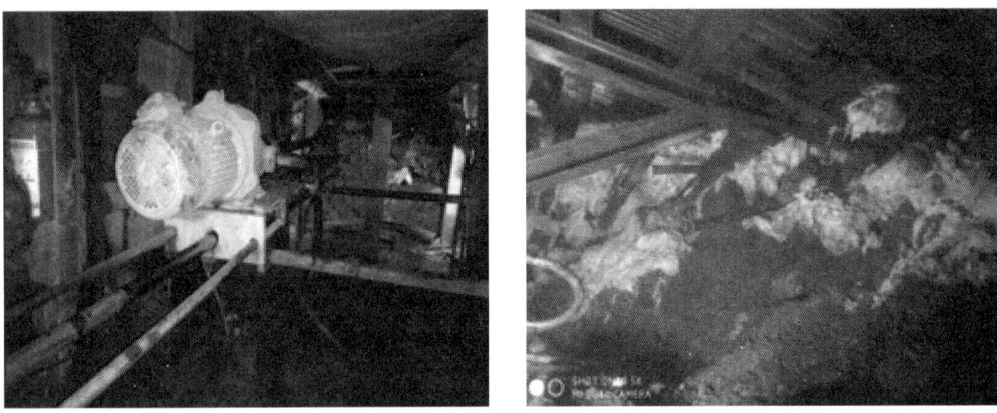

图 4.2-7 管棚施工、掌子面化学灌浆注浆

2018 年 7 月 30 日夜班掘进过程中，围岩进一步恶化，除拱部 12 点位置为松散渣块以外，掌子面整体呈泥沙状，腰部股状出水，掘进过程中泥沙状渣体不断涌入刀盘，致使 TBM 掘进阻力增大，掘进参数出现异常，扭矩、电流增大，推进困难。现场照片见图 4.2-8。

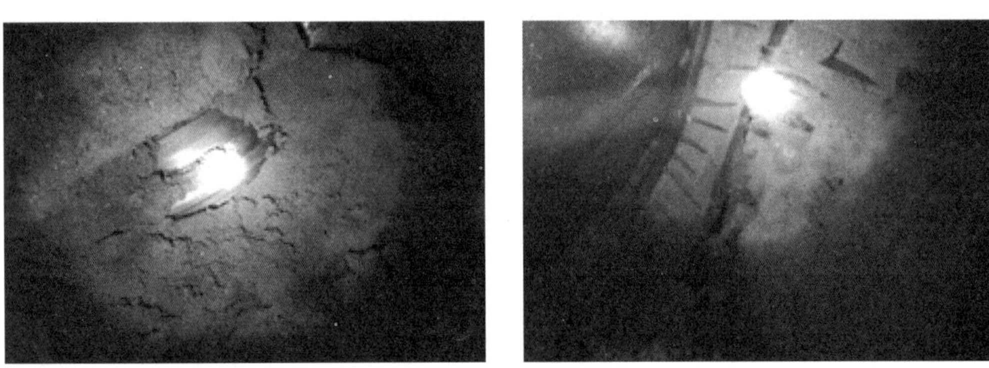

图 4.2-8

图 4.2-8　现场照片

本次现场情况较 PDZK224+313 处不良地质更为恶劣，采取的处置措施为刀盘周边化学灌浆加固法+导洞法+超前管棚+刀盘周边掏渣。

在导洞开挖过程中，出现涌泥、涌渣及涌水现象（图 4.2-9），大量渣块、泥浆伴随地下水涌出，现场随即进行人员撤离，至掉渣量减少后，采用木板对掌子面进行封堵（图 4.2-10），使泥渣不再涌出。封闭完成后，通过导洞周边打设小导管灌注化学浆液进行加固。

图 4.2-9　导洞内涌泥、涌渣及涌水

图 4.2-10　导洞掌子面封堵及注浆

现场主要采取的措施为：①通过盾尾及刀盘，对刀盘及盾体周边松散破碎围岩进行化学灌浆固结（图 4.2-11）；②在拱顶自盾尾向掌子面方向人工开挖小导洞，并对前盾位置进行扩挖；③通过导洞扩挖空间施作超前管棚，对前方围岩进行超前加固；④利用扩挖空间对刀盘周边积渣进行人工清理。

图 4.2-11　化学灌浆加固法加固松散破碎围岩

通过上述措施，TBM 于 2018 年 7 月 19 日恢复正常施工，顺利通过该不良地质段。

(2)正洞 TBM 不良地质段施工

刀盘及护盾周边存在大量松散体后,掘进过程中不能自稳,持续垮塌导致超量出渣,同时大量渣体涌入刀盘极易压死皮带,致使掘进困难。

主要解决措施为:①对护盾设置强制限位及型钢竖撑,防止其下沉;②在钢拱架之间增加纵向工字钢连接,加强拱架整体受力;③局部调整拱架间距,加密钢拱架。

撑靴部位存在软弱夹层、断层泥等不良地质时,撑靴极易出现打滑、凹陷等问题,致使推进困难,破坏钢筋排、网片、喷射混凝土等初期支护,导致姿态失控(图 4.2-12)。

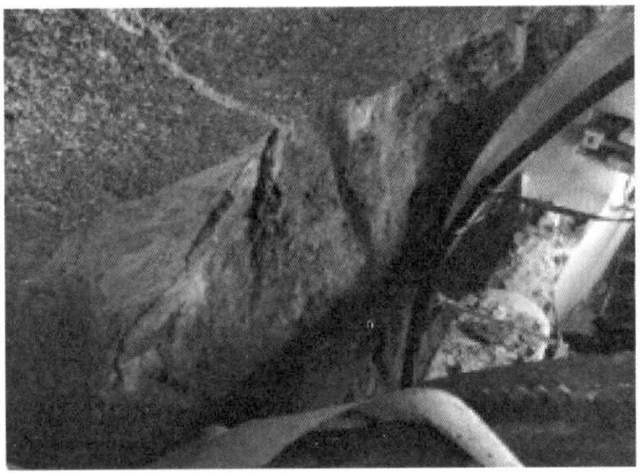

图 4.2-12　撑靴通过软弱地层现场照片

主要解决措施:①对该类围岩,必须对撑靴部位进行立模灌注混凝土,必要时对泥质围岩进行凿除换填,同时降低撑靴压力,保证撑靴安全通过(图 4.2-13);②对于不易发现的隐性夹层,在掘进过程中利用锚杆钻机在撑靴部位进行钻孔探测,发现异常时及时采取钢拱架支护及模筑混凝土灌注;③采用 PF 砂浆纤维喷射混凝土,该喷射混凝土早期强度上升快,1h 可达到 4MPa,1d 强度可达到 15MPa。

图 4.2-13　撑靴处不良地质加固现场照片

4.2.4　TBM 施工情况

平导 TBM 施工:截至 2019 年 5 月 22 日,TBM 累计掘进 4137m,日平均进尺为 7.6m,月平均进尺为 229.8m，扣除 8 次不良地质停机处置（共计 72d），日平均进尺为 8.8m，月平均进尺为 258m。

正洞大 TBM 施工：截至 2019 年 5 月 22 日，TBM 累计掘进 3134m，日平均进尺为 6.6m，月平均进尺为 195.9m。

截至 2019 年 5 月 22 日，高黎贡山隧道掘进期间共发生 4 次卡机和 1 次掘进缓慢，卡机均是由于围岩糜棱化严重，遇水呈流塑状大量流出，致使 TBM 无法掘进，后跟随岩块掉落，埋压刀盘、盾壳，致使设备卡机。

就高黎贡山隧道复杂地质条件 TBM 施工情况来看，做好 TBM 的地质适应性分析，能有效减少卡机频率，提高施工效率；提前制定、合理选择不同不良地质的处理方式，利用化学灌浆粘结塌体、小导洞法快速超前加固通过挤压破碎带等方案针对不同地层进行快速处理是 TBM 顺利施工的重要手段；做好超前地质预报是前提，TBM 施工由于工法转换不灵活，过去常常忽略超前地质预报工作，从高黎贡山隧道 TBM 施工来看，综合超前地质预报成果对 TBM 施工有很大指导作用，对个别小规模不良地质提前调整掘进参数缓慢通过防止破坏设备，对中等规模不良地质提前采取辅助措施（小导洞、化学灌浆加固法等），避免贸然进入极难处理地层。

4.3 新疆西水东引二期输水工程

4.3.1 工程概况

新疆西水东引二期输水工程（以下简称“西二”）穿越阿勒泰地区布尔津县、阿勒泰市、福海县和兵团第十师 181 团。西二工程起点距乌鲁木齐 710km，末点距乌鲁木齐 505km。西二Ⅵ标为工程后段，位于阿勒泰市境内。

西二Ⅵ标工程区主要位于阿尔泰山南坡剥蚀构造低山丘陵区，地形开阔、起伏，分布高程 665~790m，相对高差约 125m。隧洞沿线基岩大多裸露，仅局部地势低洼及沟谷处分布第四系全新统冲洪积物。

该工程的隧洞总长 24.258km，埋深 4~127m，平均埋深 34m。采用 1 台直径 7.83m 的敞开式 TBM 施工。其中 TBM-2 施工洞长 9.091km（桩号 87+289~96+380），TBM-1 施工洞长 13.020km（桩号 97+527~110+547），人工钻爆法施工洞长 2.147km（桩号 86+289~87+289 和桩号 97+527~110+547）。

该工程隧洞地层岩性主要为：泥盆系二长片麻岩、黑云母斜长片麻岩、黑云母斜长角闪岩、二长变粒岩、华力西晚期花岗岩。该工程区在隧洞沿线发育有 11 条规模不等的次级断层。岩体构造以块状为主，实测得到Ⅱ、Ⅲ类围岩的岩石饱和单轴抗压强度为 40~150MPa。

4.3.2 TBM 施工设计

本标段桩号 86+239m~110+687m，包括：50m 长的位于 4 号隧洞进口的苏海堤倒虹吸出口埋涵段、24.258km 的主洞段（包括 TBM 开挖洞段和钻爆法开挖洞段）、140m 长的位于 4 号隧洞出口的克兰河倒虹吸进口埋涵段（前期作为 TBM 的组装场地，TBM 组装完成后改造成克兰河倒虹吸进口埋涵段）、5 号施工支洞（长 92m）、7.265km 施工道路、供水管线系统等。

主洞采用 1 台 TBM 施工。根据地形、地质及施工分段规划，主洞有两个 TBM 施工段，分别是 TBM-1 段和 TBM-2 段。施工分段规划见表 4.3-1。

西二Ⅵ标施工分段规划一览表　　表 4.3-1

分段	项 目 位 置	施工方法	前桩号(m)	后桩号(m)	长度(m)
	4 号隧洞进口的苏海堤倒虹吸出口埋涵段		86+239	86+289	50
TBM 段	主洞	钻爆	86+289	87+289	1000
	主洞	TBM-2	87+289	96+030	8741
	连接洞、检修洞、步进洞、始发洞	钻爆	96+030	96+380	350
	TBM-TGD	钻爆	96+380	97+527	1147
	主洞	TBM-1	97+527	110+217	12690
	步进洞、始发洞	钻爆	110+217	110+547	330
	4 号隧洞出口的克兰河倒虹吸进口埋涵段		110+547	110+687	140
合计					24448

施工总体规划为：采用钻爆法完成连接洞、检修洞、步进洞及始发洞施工，采用钻爆法施工 5 号施工支洞 TBM 通过洞洞段；TBM 设备在 4 号输水隧洞末端洞外组装场地组装，完成组装、调试，掘进至 5 号施工支洞后，洞外组装场地的连续皮带出渣和通风设备转场至 5 号施工支洞，继续掘进至桩号 87+289m 处。施工段落划分如图 4.3-1 所示。

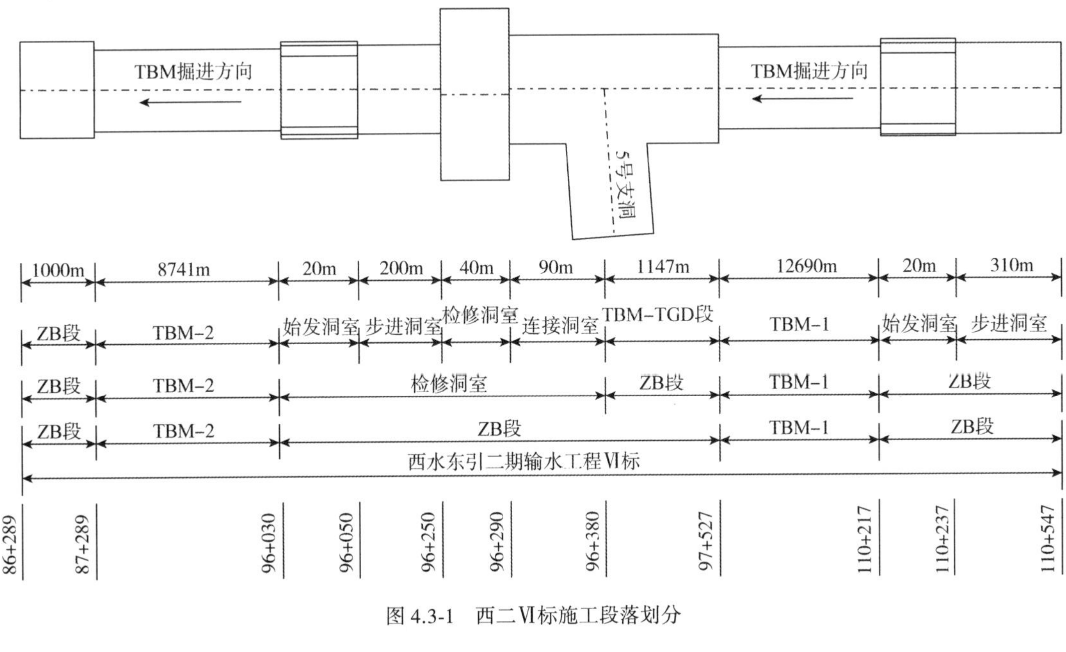

图 4.3-1　西二Ⅵ标施工段落划分

4.3.3　主要不良地质及处理措施

4.3.3.1　不良地质情况

从地质勘探提供的资料分析，本工程中可能会遇到的不良地质有以下几类：

(1)断层

在施工区内有多条大小不等的断层,断层破碎带内以糜棱岩与碎裂岩为主,岩体稳定性差,为 V 类围岩。TBM-1 施工段中 f36、f36-1、f41 断层规模较大,破碎带宽 10~15m,断层走向与洞轴线夹角 85°~87°,在洞内延伸长度约 15~18m,对洞室稳定影响较大(图 4.3-2)。

(2)涌水

主要分布在小断层及裂隙较发育地段,隧道段处于裂隙水以下 4~125m 处,以基岩裂隙水为主(图 4.3-3)。

图 4.3-2　断层破碎带施工现场

图 4.3-3　围岩顶部渗水

(3)腐蚀性水质

地下水中SO_4^{2-}离子、Cl^-离子含量较高,对混凝土和混凝土中的钢筋具有腐蚀性,对设备钢结构具有中等腐蚀性。

(4)软岩

在桩号 103+457~103+169m 发现明显的软岩(图 4.3-4),不排除后续施工段存在软岩的可能。

(5)有毒有害气体

地质评价未提及发现明显的高地温、放射性和有毒有害气体灾害特征。

图 4.3-4　软岩段现场照片

4.3.3.2　不良地质预防措施

为了应对 TBM 在掘进过程中可能出现的各种地质情况,在不良地质施工段,通过制定防范措施和施工措施,确保 TBM 安全通过。

(1)观察掌子面变化预测岩石变化趋势

每天上午 TBM 强制检修时间段,由技术部门地质工程师牵头组织对掌子面围岩变化情况、裂隙发育走向情况现场拍照并进行地质素描,对裂隙水水量的变化、裂隙水含泥量的变化进行对比分析,参照地质资料预判前方地质变化趋势。当判断前方可能出现不良地质或实际情况与地质资料显示相差较大的情况,应及时向技术部门主要负责人和监理负责人汇报。

(2)通过设备运行状况综合分析岩石变化情况

当班地质工程师根据 TBM 设备掘进过程中的推力、扭矩、主电机负荷大小、换步压力、掘进速度等相关设备运行参数,观察出渣皮带机上出渣量的变化和石渣直径变化,综合分析掌子面岩石变化情况,提示 TBM 操作手和现场施工负责人前方地质的变化趋势并在值班记录上做好分析记录。设备运行参数突变、出渣量或石渣直径突然变化,都是前方岩石条件发生变化的直观反应,操作手需要根据掌子面岩石变化情况调整 TBM 掘进运行参数,现场施工负责人应做好地质变化的应对准备工作后再继续施工,确保施工人员和设备的安全运行。

(3)超前地质探测和预测

在接近已知不良地质段(断层桩号)时,启动 TBM 配套的超前地质预报系统对前方围岩进行探测,记录并分析测试结果;如有必要,通过超前钻和超前灌浆设备对前方不良地质进行超前固结灌浆处理。

4.3.3.3　不良地质段的施工措施

(1)断层地段的施工措施

遇到较窄破碎带时,采取下列施工措施:

①减少刀头喷水量。

②降低刀盘转速及掘进推力,减少单位时间内出渣量。

③争取在不停机的状态下快速通过,加强观测,及时喷锚支护,防止塌方压住刀盘。

遇到较宽破碎带时,如果掘进段断层破碎地质较长,则需要对该地段超前灌浆固结后,TBM 再进行掘进。断层破碎段采用普通水泥基材料,沙层段采用超细型灌注材料;超前注浆或富水区采用单、双液混灌方式;注浆材料按由粗到细、由单到双、由高浓度到低浓度的方式进行调整。浆液灌注采用前进分段式注浆法实施。待 TBM 周围的围岩固化满足掘进要求后,TBM 开始掘进。

出现塌方迹象时,停止掘进,启用 TBM 自带的钢筋网和钢筋排的储存和安装装置,在 TBM 刀头护盾尾部至钢拱架之间,快速安装应急钢筋排。钢筋排应密集布置(图 4.3-5)。同时使用护盾后部预留的应急喷混设备,进行应急喷混支护,防止塌方扩大。待围岩基本稳定后,再次掘进。利用后部支护系统对该区域的围岩进行锚固。

图 4.3-5　不良地质段塌方时现场支护

不良地质段已经出现塌方并且塌方量大时,TBM 停机,使用超前钻机在机头上方钻孔,布设超前小导管,对围岩进行超前支护处理。钻孔孔深 3m,孔径 46mm,梅花形布置,孔距 40cm。安装直径 42mm、长度 3.5m 的热轧无缝注浆钢管,超前导管配合钢拱架使用,相邻两排导管水平搭接长度不小于 1.2m。通过这些导管压注双液浆水泥+水玻璃,灌入岩石缝隙里加固岩体。超前小导管配合钢拱架支护。

如果大量塌方造成 TBM 卡机不能脱困,应在机头的上前方开挖导洞。导洞开挖后,洞室需要喷锚支护。通过该导洞,对 TBM 机头部岩石进行扩挖减负,以便 TBM 重新启动,向前推进。刀盘卡死处理方法如图 4.3-6 所示。

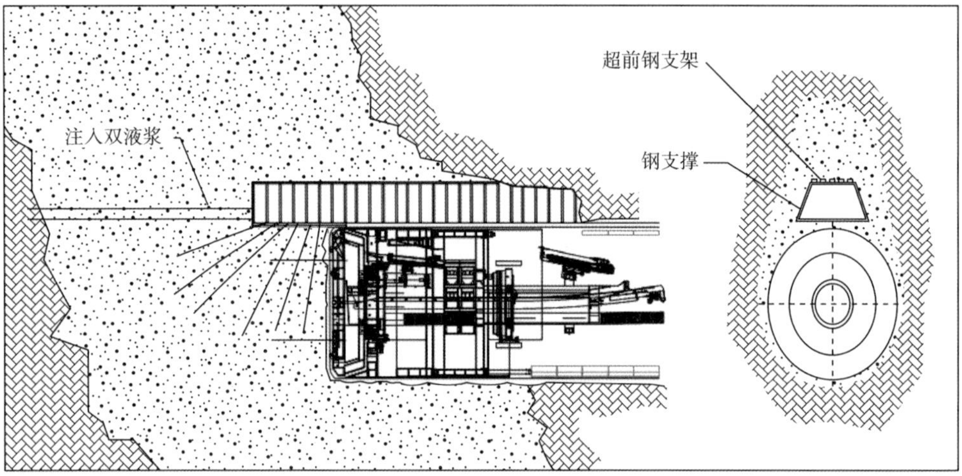

图 4.3-6　刀盘卡死处理方法

(2)涌水地段的施工措施

根据隧洞地质报告,部分施工段可能出现大的涌水。当 TBM 掘进到涌水段时加大观测密度,根据涌水情况逐渐增加排水泵工作数量,通过排水管道将涌水和生产废水排出洞外。在 TBM 护盾位置除原配套布置的 5 台总排量为 $580m^3/h$ 的排水泵外,另外增加 2 台排水量为 $200m^3/h$ 的潜水泵作为应急水泵,布置在 TBM 设备桥下方,以应对大涌水极端情况。

①涌水量较小时的施工措施

如发现水层水流较小,未形成线性流水,掘进可以照常进行,安排专人观察涌水量的变化和抽排水,加快喷混凝土隔阻地下水。

②涌水量较大时的施工措施

当涌水量较大,喷射混凝土不能有效凝结时,需要钻排水孔引出地下水,降低水压。用超前钻机沿盾体周边钻排水孔(图 4.3-7),孔径 48mm,深度 15~20m。排水孔的数量和位置要根据水流的情况来判定。在洞壁布置引流管,然后喷混凝土隔离地下水层。观察掌子面岩石没有垮塌现象后,可以恢复 TBM 掘进施工。反之,如果掌子面出现垮塌现象,就要进行更深层的地质处理。

③涌水量大时的施工措施

如果涌水量大,采用引流喷混等方式处理后,掌子面或洞壁有垮塌现象,需要采取地层加固和泡沫注浆封堵地下水的施工措施。

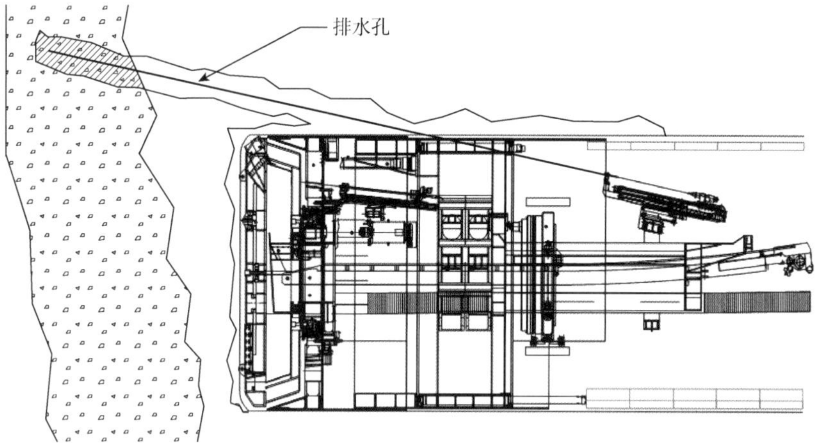

图 4.3-7　钻孔排水

方法为使用超前钻机在机头四周或涌水集中区域钻孔，梅花形布置，孔深>15m，间距 40cm，通过这些孔安装注浆管。注浆管外露 50cm，四周使用聚氨酯注浆机进行密封封堵。然后使用双液注浆机注入双液浆，灌入岩石缝隙里以封堵岩体水层。完成岩体封堵后，要钻一些更深的孔进一步排水，这些孔深要超过注浆孔的深度。在 TBM 周围形成一个伞形的加固区域，将水进一步引入隧洞中，待岩洞的水压进一步降低后掘进施工才可重新开始，必要时可以重复进行。超前钻孔注浆加固如图 4.3-8 所示。

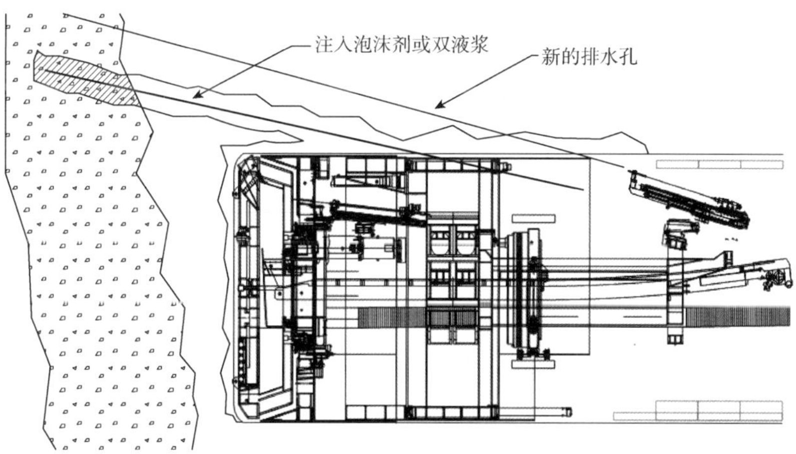

图 4.3-8　超前钻孔注浆加固

当出现突发巨量涌水时，在进行封堵水层同时，如果原布置排水泵和排水管不能满足排水需求，使用应急水泵利用进水管道向洞外进行强排水。应急水泵加原 TBM 配套排水泵，总排水量可达 980m^3/h，利用原铺设的 DN200mm 排水管和 DN150mm 进水管改造的排水管，满足隧道最大涌水量 596m^3/h 的排水要求。

(3)腐蚀性水质地段的施工措施

施工段部分洞段地下水中SO_4^{2-} 离子、Cl^-离子含量较高，对混凝土和混凝土中的钢筋具有弱~强腐蚀性，对设备钢结构具有中等腐蚀性。在该施工区域，应采取以下施工措施：

①施工用轨枕、连续皮带机支架等施工设施喷涂防腐漆。

②洞内电缆支架、水管支架等固定螺栓采用镀锌螺栓。

③对混凝土原材料进行控制和调整,采用耐腐蚀混凝土。

④外露的钢筋网、钢拱架及时施工覆盖,减少外露时间。

(4)软岩地段的施工措施

为了避免出现 TBM 上部塌方、TBM 机头沉陷、TBM 撑靴压塌岩层的情况,通过软岩层前,一定要做好充分的准备。

软岩支撑力不足时:

①在撑靴支撑部位布置钢板或枕木垛,加大支撑面积,降低接地比压(图 4.3-9)。

②加密钢拱架、增加锚杆或布置钢筋网,并喷混支护(图 4.3-10)。

图 4.3-9 撑靴支撑部位布置枕木垛

图 4.3-10 拱架加密

③采用超前钻机,提前在机头左右两侧进行钻孔注浆加固岩层。

为预防通过软岩地层时 TBM 机头沉陷,应减小推力和刀盘转速,减小单位时间内的出渣量,预防掌子面发生坍塌,尽量保证 TBM 连续缓慢地掘进,要注意保持设备的可靠性及生产组织的高效,使停机的可能降到最小。

软岩地段掘进过程中如果出现塌方情况,应加密布置钢筋网、钢拱架或在钢筋网与洞壁之间铺垫铁板,加强洞壁的支撑力,并进行应急喷混支护(图 4.3-11)。

(5)含有害气体段的施工措施

当 TBM 掘进遇到含有害气体地层时,要加强防火措施,对 TBM 自带的瓦斯浓度警报器每日进行检测,确保其工作正常。严禁隧道内施工人员带打火机等物品进洞。安排安检人员使用便携式瓦斯监测仪,加强瓦斯气体巡查检测。洞内施工应确保通风量,使用安全照明灯具,防止产生火花。

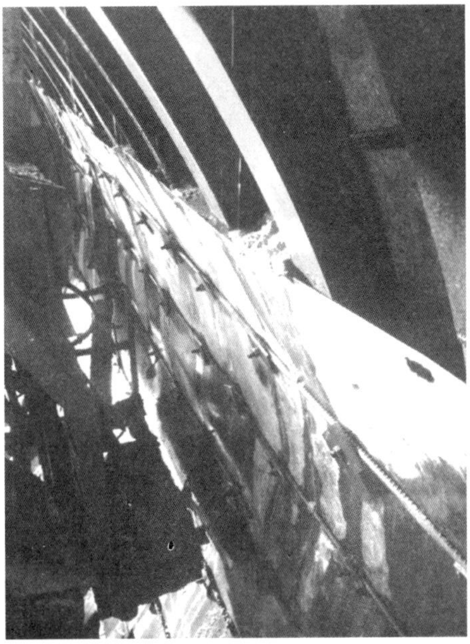

图 4.3-11　撑靴侧岩壁浇筑混凝土

如果探测器报警，应马上停机，疏散当班作业人员。并在洞内加大通风及检测，在警报解除前严禁操作设备作业。

不良地质处理设备配置见表 4.3-2。

不良地质处理设备配置表　　表 4.3-2

名　称	型号、规格	数　量	备　注
排污泵	$200m^3/h$	2	排水用，配备相应管路
双液注浆泵	LUB6	1	加固岩层
微型聚氨酯注浆泵	ZP-999	1	密封注浆管口
超前灌浆设备	KBYS8.5/4-11	1	
超前钻机	Atlas COP 1838	1	

4.3.4　TBM 施工情况

西二Ⅵ标工程的 TBM 于 2018 年 1 月 20 日开始从 TBM-1 段出口向 TBM-2 段进口掘进，截至 2019 年 6 月 14 日，已累计掘进 7561.3m。最高日进尺 50.1m，最高月进尺 789.2m。2019 年 4 月，该 TBM 遇到严重的软岩不良地质段，该月 TBM 进尺仅 112.5m。

使得 TBM 掘进缓慢的主要原因是 TBM 遇到软岩不良地质段时岩体变形严重，甚至出现垮塌，需要对撑靴部位软岩进行人工清理后浇筑混凝土墙，以增强岩体强度，确保撑靴部位岩壁满足支撑要求。

4.4 引汉济渭隧道工程

4.4.1 工程概况

引汉济渭秦岭隧洞岭南工程全长 18.275km,采用 1 台直径 8.02m 敞开式 TBM 施工,工程高程范围 1050~2420m,最大埋深约 2000m。引汉济渭岭南 TBM 施工段平面布置如图 4.4-1 所示。

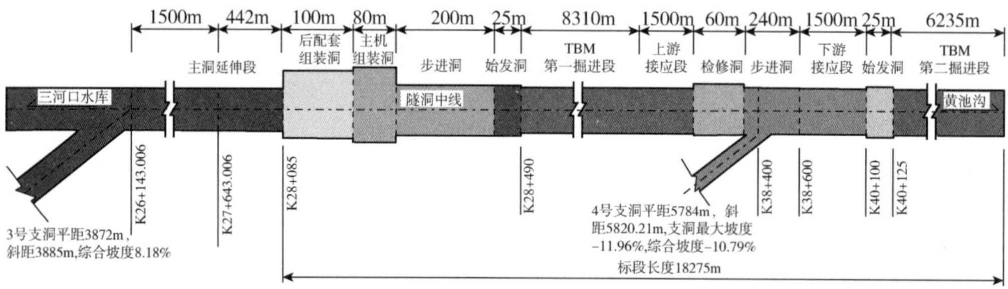

图 4.4-1 引汉济渭岭南 TBM 施工段平面布置图

TBM 工区范围内地层岩性主要为石英岩、花岗岩、碎裂岩、闪长岩。Ⅰ类围岩 3050m(占 16.7%)、Ⅱ类围岩 13320m(占 72.9%)、Ⅲ类围岩 1185m(占 6.5%)、Ⅳ类围岩 530m(占 2.9%)、Ⅴ类围岩 190m(占 1%)。

主要不良地质条件有高石英硬岩、高地应力岩爆等。不同地段围岩中石英含量分别为:石英岩最高达 97%、花岗岩最高达 30%、闪长岩最高达 18%。岩石强度最高达 242MPa。预测不同级别岩爆段长度分别为:轻微岩爆 545m、中等岩爆 13030m、强烈岩爆 3880m。预测隧洞内最大涌水量为 12226m^3/d。

4.4.2 TBM 施工设计

TBM 设备生产周期 13.5 个月(包括部件加工制造、工厂预组装、工厂调试、工厂验收、设备运输等),洞内组装、调试、步进时间共 2.5 个月,步进 200m 进入始发洞。

4.4.3 主要不良地质及处理措施

(1)岩爆

据统计,TBM 已掘进段对工程施工产生影响并制约 TBM 掘进进度的岩爆段共计 301 处,累计 1711.6m,占已掘进长度的 21.4%,严重制约施工进度。岩爆对 TBM 施工的影响主要表现在:

①岩爆多发生在拱部范围,岩爆发生时崩落弹射石块极易砸到或打到施工作业人员,威胁到作业人员的安全。

②机械设备面临被砸坏的风险,轻则需要维修修复,重则需要重新购买更换,影响工程进度。

③对已经完工的支护体系造成破坏，需要重新施工，影响进度的同时也增加了施工成本。

施工过程中几个岩爆案例如下：

①"4・11"岩爆

2015 年 4 月 11 日上午 8 时，TBM 施工段 K28+571～K28+576 发生滞后性岩爆，围岩掉块、弹射，并伴有清脆响声；持续至 4 月 12 日上午，围岩逐步稳定。爆落石块形成环向 5～6m、纵向 5m、深度 1.5m 的塌腔，掉落石块对 L1 区机械设备造成较为严重的损伤，现场无法进行掘进或支护施工（图 4.4-2）。

图 4.4-2　岩爆现场

应对措施：对岩爆洞段先初喷混凝土封闭围岩，然后安设 H125 型钢拱架，钢拱架间距 0.9m，拱架间采用连接筋加固，塌腔位置加密连接筋并用钢板封闭，预埋注浆管和排气管，最后对顶部空腔进行混凝土回填。历时 6d，完成二次支护，恢复掘进。

②"7・7"岩爆

2017 年 7 月 7 日 9 时 5 分，TBM 掘进至桩号 K33+672 时，围岩出露护盾处发生强烈岩爆（左右各 1 处，左侧爆坑深度较大，约 3m 左右），同时诱发桩号 K33+655 处围岩发生严重坍塌，导致护盾后方已安装的 11 榀钢拱架均发生下沉（图 4.4-3）。

图 4.4-3　岩爆现场

应对措施：从 2017 年 7 月 7 日开始，对塌方段采用新安装 H150 钢拱架替换原已下沉变形钢拱架,钢拱架上视空腔情况安装一定的刚性材料与岩面连接,形成有效支撑;对塌方段拱架上部空腔回填混凝土,形成混凝土护拱。历时 18d 后 TBM 恢复正常掘进。

综合以上,针对岩爆采取的应对措施如下:

①微震监测:借助微震监测岩爆超前探测手段,对比分析类似工程与相邻标段岩爆资料,探索总结岩爆发生规律。于 2017 年 9 月引入大连理工大学研发的微震监测岩爆预测系统,完成 17 期微震监测,准确率在 70%左右,为现场预防岩爆工作提供了强有力的支持。

②应力释放:对出露护盾段围岩采用人工喷水初步软化围岩,围岩一旦出露护盾,拱部 90°范围快速施作锚杆,锚杆间距 1m 左右,梅花形布设;同时,拱部 120°范围内施作部分应力释放短孔,拱部 120°范围内挂设钢筋网片(图 4.4-4)。

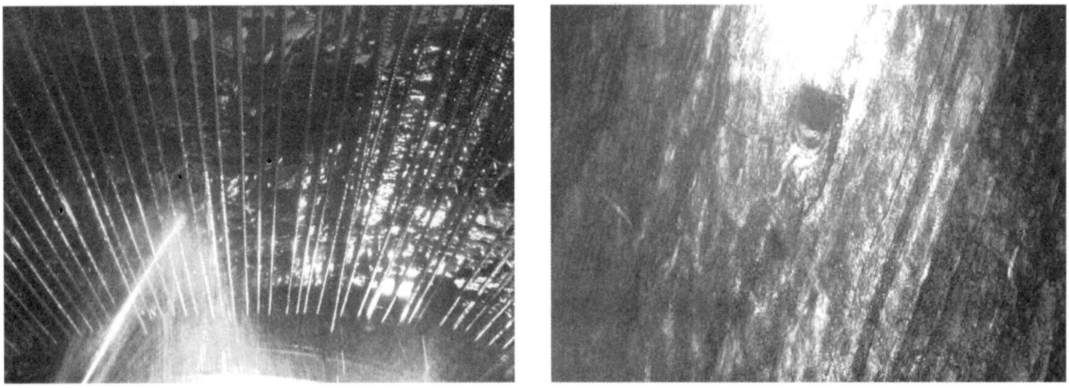

图 4.4-4 系统钢筋排喷高压水软化围岩、钻应力释放短孔

③及时支护:利用 TBM 设备自带的 McNally 支护系统(图 4.4-5)及时支护,必要时,安设格栅拱架与全圆型钢拱架。

图 4.4-5 McNally 系统辅助支护体系

④应急喷浆:利用 L1 区应急喷浆系统喷射混凝土封闭岩体,添加纳米、纤维等新材料。

(2)突(涌)水

TBM 掘进段先后发生 34 次围岩渗涌水,其中有 6 次为较大集中涌水(图 4.4-6)。2016 年 2 月 28 日,掌子面出现较大集中突(涌)水,单点每日涌水量超过 20000m^3,隧洞累计日出水量 46000m^3,达到设计全隧最大涌水量的 3.76 倍,主洞水位快速上涨,TBM 主电机、配电柜等设备相继被淹(图 4.4-7)。现场快速组成千人抢险团队(图 4.4-8),历时 75d 恢复生产。TBM 掘进以来,隧洞日总涌水量超过 80000m^3,因突(涌)水处理造成施工现场停机或延误,影响正常掘进时间的比例高达 16%,涌水对运输车辆及电气设备均造成不同程度损坏。

图 4.4-6　“12・28”股状出水、“2・28”特大突(涌)水

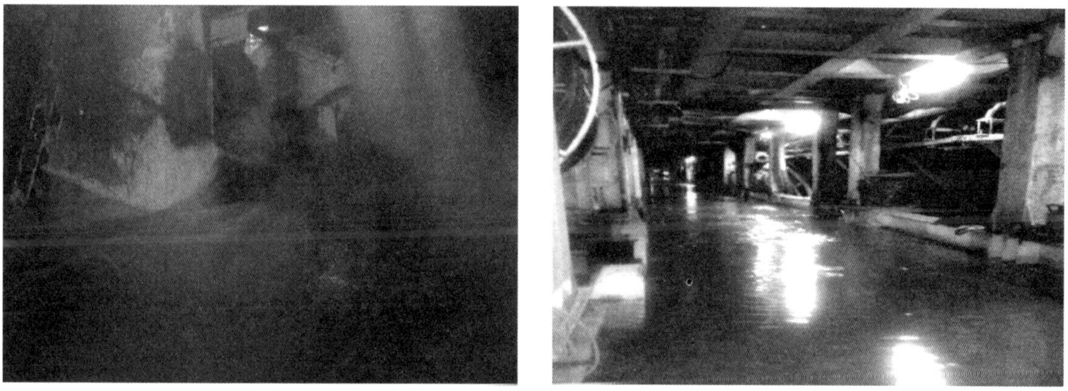

图 4.4-7　TBM 主电机、TBM 设备一层平台被淹

图 4.4-8　水中抢接排水管路、千人抢险团队

采取的应对措施：

①引进超前钻机进行超前探水。预测前方突(涌)水情况，对隧洞抽排水能力与出水量进行全面对比评估，当涌水量达到隧洞抽排水能力的70%时停机进行堵水注浆作业，避免再次出现机器被淹风险。

②加大注浆堵水力度。按照“以堵为主、堵排结合”的原则，采用特殊灌浆材料(成分包括：水泥、水玻璃、抗分散剂、氯化钙、聚合物纤维)，按“先无水后有水、先小水后大水、先浅层后深层、先两端后中间、先拱脚后顶拱再边墙”的顺序进行灌注，封堵水量约50229m^3/d，堵水率达到90%，堵水效果良好(图4.4-9)。

图4.4-9　堵水注浆前后效果对比

③优化反坡排水专项施工方案。隧洞最大抽排水能力按照41000m^3/d(标段设计最大涌水量的3.4倍)配置，同时考虑20%的排水富余能力。

(3)高磨蚀性硬岩

TBM已掘进段以石英岩、花岗岩为主，围岩强度高、完整性好、石英含量高、耐磨值高，已掘进段现场取样样品见图4.4-10。围岩抗压强度为107~229.7MPa，平均为169.5MPa。耐磨值4.65~5.71，平均耐磨值5.26。石英含量为43.6%~92.6%，平均石英含量为74%。完整性系数平均达0.8。

图4.4-10　已掘进段现场取样样品

高磨蚀性硬岩围岩强度高、完整性好，制约掘进速度。TBM 自 2015 年 3 月开始试掘进以来，掘进参数波动大，平均贯入度约为 3.5mm/r，掘进效率低。截至 2019 年 6 月，TBM 累计掘进时间 4290.6h，完成掘进 4580.4m，计算平均掘进速度为 1.03m/h，折算为循环 1.8m 所用时间为 105min。已掘进段围岩岩石单轴饱和抗压强度最小为 107MPa，最大为 229.7MPa，岩石强度变化引起的掘进速度变化较明显。本工程 TBM 掘进段及类似项目掘进速度-岩石抗压强度关系见图 4.4-11。

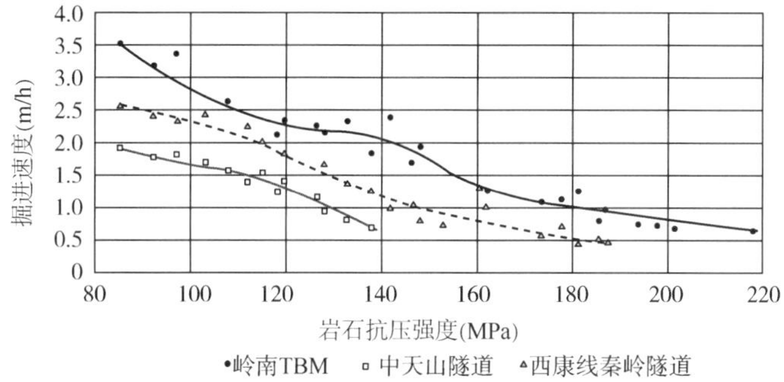

图 4.4-11　本标段及类似标段掘进速度-岩石抗压强度关系

应对措施：

①加强设备维修保养，提升设备完好率。

②加强施工组织管理，提升设备利用率。

③优化 TBM 掘进参数。

④强震动掘进条件下故障应对措施。

此外，高磨蚀性硬岩导致刀具消耗量大，刀盘磨损严重。截至 2018 年 9 月 25 日，引汉济渭岭南 TBM 施工段共计更换刀具 5864 把，达 0.73 把/m，刮板消耗 2246 块，达 0.32 块/延米。刀盘已整修 5 次，累计停机 93d，平均每间隔 1.5km 左右即需整修一次。隧洞成型见图 4.4-12。

图 4.4-12　隧洞成型

应对措施：

①展开刀具技术攻关。

②实施激励考核，缩短换刀时间。

③加强刀盘检查，及时更换刀具。

④改进刀盘修复材料及工艺。

(4)高地温

截至 2019 年 6 月，TBM 已完成掘进 8004.5m，加上主洞延伸段 1942m、TBM 辅助洞室 405m，通风距离达 10351m，加之洞内电气设备散热、机械设备散热、刀盘与掌子面摩擦发热，洞内温度达 36℃，湿度超过 90%，刀盘内温度超过 50℃，高温高湿所带来的工效降低、人员疲劳甚至受伤已逐步显现(图 4.4-13)。

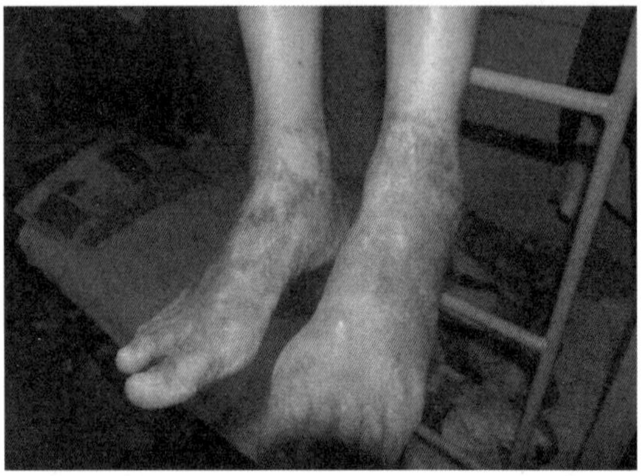

图 4.4-13　高温下人员赤身作业、高温高湿引发脚部溃烂

应对措施：

①针对作业人员容易疲劳、工效降低问题，在劳动强度较大的情况下，补充作业人员。

②对沿途作业台架进行优化设计，保证风管顺利穿过，减小风压损失。

③风管尽量顺直安设（图 4.4-14），定期安排专人对通风设备进行维护，同时对风管局部漏风位置进行修补。

④TBM 设备上安设制冷机（图 4.4-15），冷却新鲜风。

图 4.4-14　风管安设顺直

图 4.4-15　安设制冷机

（5）大变形

2016 年 5 月 31 日上午 7 时 32 分，TBM 掘进至 K51+597.6 时，护盾后方 K51+603.2 处拱顶围岩松散，左侧护盾下方有沙砾状渣体不断涌出，TBM 被迫停止掘进。经分析，认为 K51+616～K51+593 段发育一断层，岩性主要为碎裂岩、糜棱岩和断层泥砾，岩石胶结差，自稳能力差。受该断层影响，已开挖段部分钢拱架及钢筋排有明显挤压变形现象，主机操作室护盾压力监控数据显示，护盾顶部压力已达到设备极限值，刀盘无法转动。现场照片见图 4.4-16、图4.4-17。

图 4.4-16　盾尾溜渣口

图 4.4-17　刀盘溜渣槽

针对上述情况,制定了卡机脱困方案。如图 4.4-18 所示,从 TBM 护盾后方相对稳定岩体中开挖纵向小导洞,纵向小导洞穿过围岩破碎带,进入围岩稳定洞段后,施作横向导洞并形成管棚工作间,反向施作大管棚,在大管棚的安全防护下,配合超前小导管和环形钢拱架,人工开挖通过断层破碎带,并清除护盾顶堆积的渣体,帮助 TBM 完成脱困。

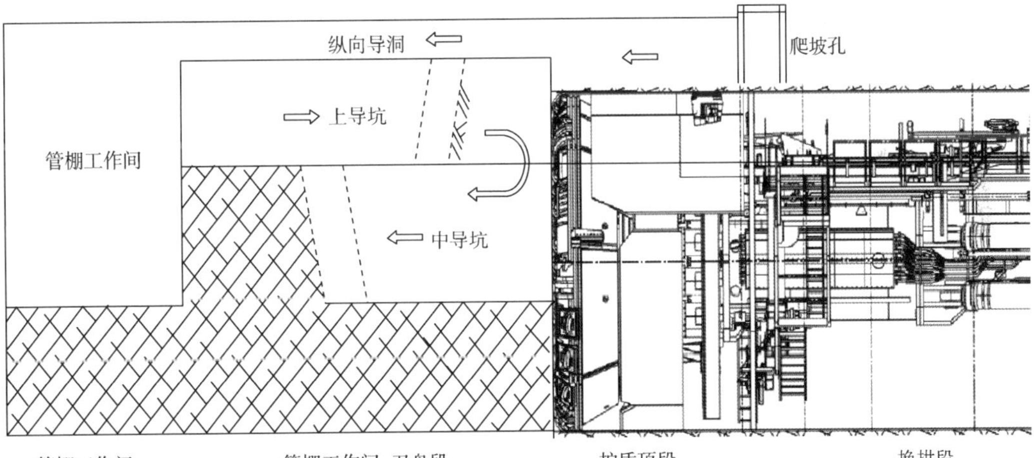

图 4.4-18　断层处理平面示意图

4.4.4　TBM 施工情况

工程正式开工时间为 2013 年 10 月 1 日,2015 年 2 月 28 日开始 TBM 试掘进工作。截至 2018 年 10 月 31 日,累计完成 TBM 掘进 8325m,完成总掘进任务的 56.4%,剩余 6430m;已掘进段最高月进尺 483.7m,平均月进尺 189.2m(图 4.4-19)。掘进以来受硬岩掘进、岩爆以及隧洞突(涌)水等不良地质影响,进展较为缓慢。

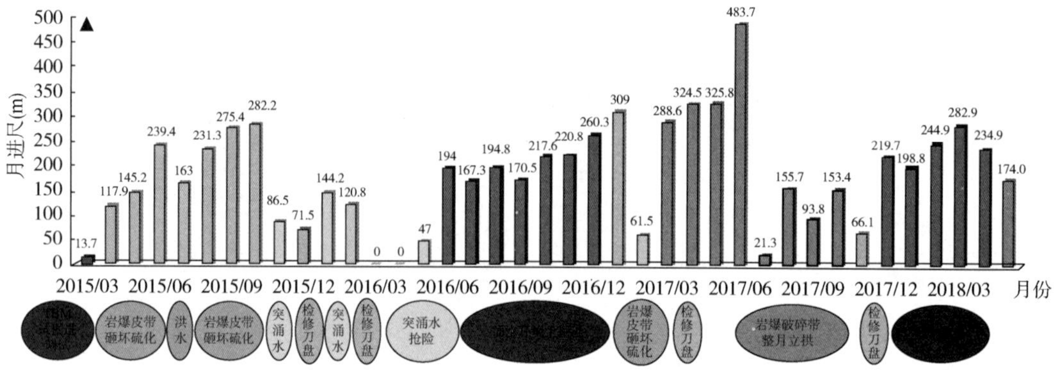

图 4.4-19　引汉济渭工程岭南 TBM 施工段掘进月进尺

4.5　兰州水源地隧道工程

4.5.1　工程概况

兰州市水源地建设工程将刘家峡水库作为引水水源地，向兰州市供水。工程包括取水口、输水隧洞主洞、分水井、卢家坪输水支线、彭家坪输水支线、调流调压站、卢家坪水厂和彭家坪水厂等。工程位于临夏回族自治州东乡族自治县、永靖县和兰州市境内。

工程取水口位于临夏回族自治州东乡县境内，距离刘家峡水库大坝上游约 4km 的水库右岸岸边，上距折达公路祁家渡大桥约 150m，下距洮河口约 2.4km 处。输水隧洞主洞全长 31.29km，其前段约 4.8km 位于临夏回族自治州东乡族自治县境内，在约 4.8km 处穿越洮河后进入永靖县境内，隧洞途经三条岘乡和徐顶乡，在约 28.8km 处进入兰州市西固区柳泉乡境内。距离取水首部 31.457km 的输水隧洞主洞末段设分水井，分水井位于兰州市西固区柳泉乡寺儿沟内，距离卢家坪约 1.4km 处。卢家坪输水支线长约 1.35km，为由分水井连接至卢家坪水厂的输水管线。彭家坪输水支线长约 9.39km，为由分水井连接至彭家坪水厂的输水管线，其调压站位于寺儿沟内。

4.5.2　TBM 施工设计

中铁 241 号双护盾 TBM 应用于兰州市水源地建设工程项目第二标段，即 TBM2 标。本标段从 5 号支洞起至主隧道通风井，施工总长度 12226m，其中支洞长度 3550m（含钻爆施工段 542m），主洞长度 8676m（含钻爆段 1496m）。中铁 241 号双护盾 TBM 在支洞洞口外的 TBM 工业广场组装，步进滑行通过支洞钻爆施工段后，进行洞内始发，然后掘进至主支洞交叉处转弯进入主洞。支洞掘进长度 3008m，设计为下坡，坡度 23‰。主洞掘进长度 7180m，设计为上坡，坡度 1‰。支洞与主洞采用曲线连接，曲线长度 1300m，曲线半径 1000m。围岩类别以Ⅱ、Ⅲ类为主，局部洞段为Ⅳ、Ⅴ类。最大埋深 635m。

TBM 开挖直径 5.48m，断面为圆形，隧洞采用预制混凝土管片衬砌。管片衬砌内径 4.6m，管片厚度 30cm，管片外径 5.2m，5+1 片管片组成一环，管片型式为四边形结构，管片与围岩之间的空隙用豆砾石充填并进行回填灌浆。TBM 完成掘进工作后在洞内拆卸出洞。隧洞示意图如图 4.5-1 所示。

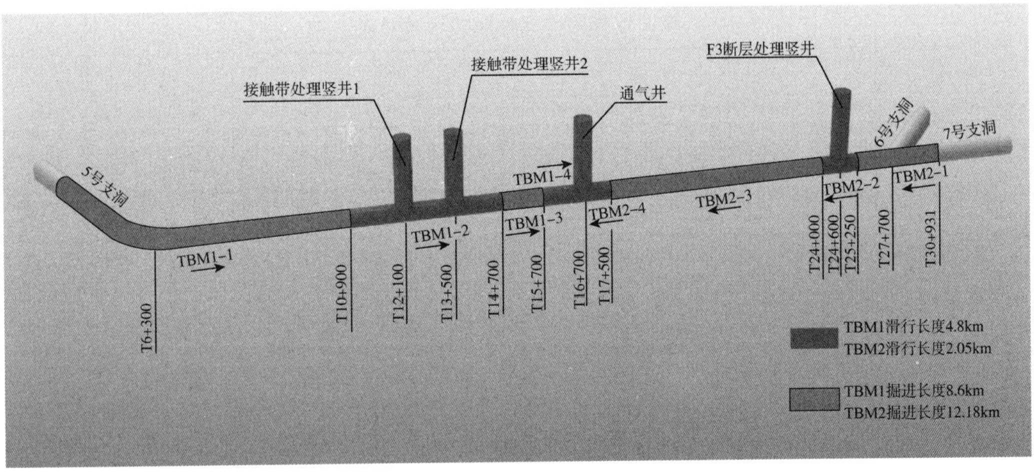

图 4.5-1　兰州水源地工程输水隧洞示意图

第二标段施工范围及地质纵断面如图 4.5-2 所示。

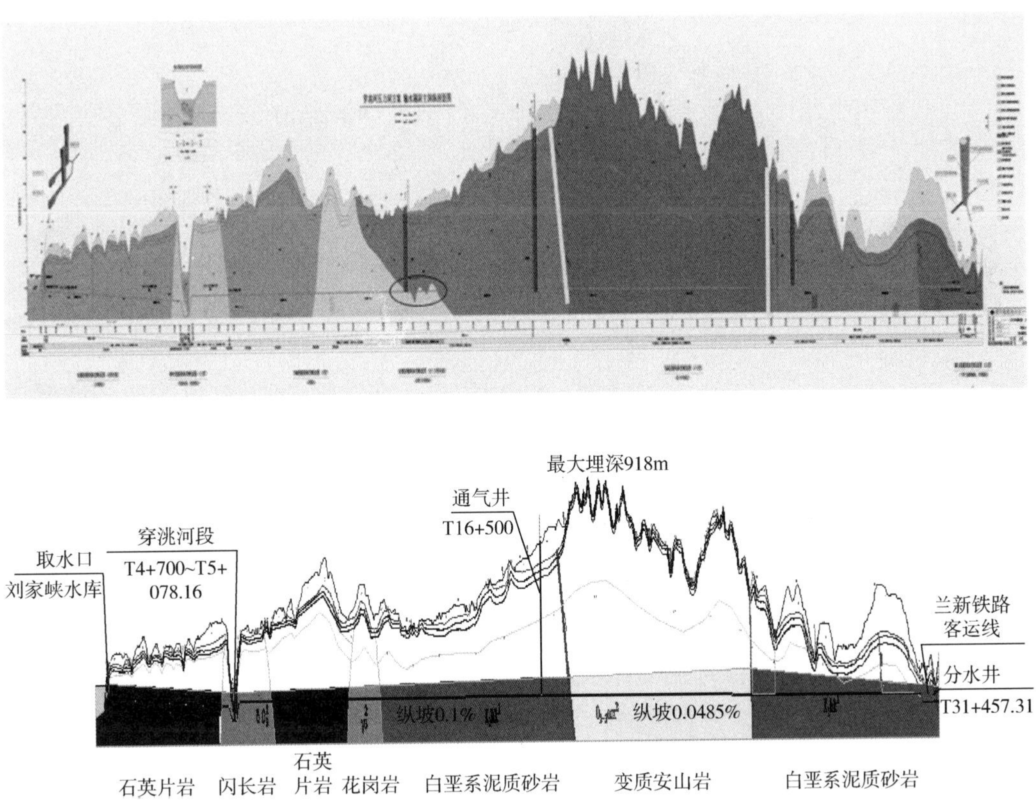

图 4.5-2　TBM2 标输水隧洞地质纵断面图

在设备掘进期间,遇到大涌水 15 处,造成停机排水 3 次,共 36d;在通过不整合接触带(断裂破碎带 7 条、软弱蚀变带 2 条)时,造成卡机脱困 4 次,共 35d。施工过程中不良地质情况见表 4.5-1。

施工过程中不良地质情况统计表　　表 4.5-1

时　间	桩　号	原　因	停机天数(d)
2016.12.18	T7+437	涌水	6
2017.03.23	T9+200	卡机	13
2017.04.07	T9+248	涌水	27
2017.08.10	T10+044	涌水	3
2017.12.10	T14+094	卡机	2
2017.12.29	T14+662	卡机	13
2018.01.16	T14+797	卡机	7

TBM2 标输水隧洞,Ⅱ类围岩(完整稳定的硬岩)6879.70m;Ⅲ类围岩(节理发育,围岩局部不稳定塌方、掉块)3794.6m;Ⅳ类围岩(节理密集发育、涌水、围岩不稳定)1551.70m,如图 4.5-3所示。

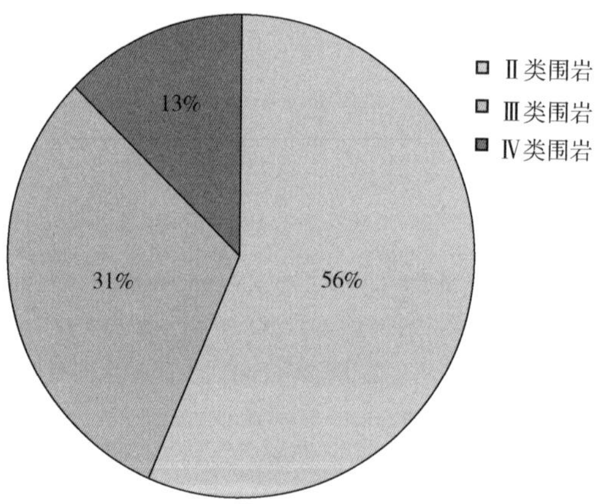

图 4.5-3　TBM2 标输水隧洞围岩类别

4.5.3　主要不良地质及处理措施

(1)断层破碎带、强风化蚀变带

兰州水源地 TBM2 标 2016 年 3 月 9 日(桩号 T8+836.2m)掘进进入加里东期花岗岩段后经历了岩石完整、节理不发育的Ⅱ类围岩(硬岩段)、围岩局部稳定性差的Ⅲ类围岩和节理密集发育的Ⅳ类围岩(软岩段)等困难地质。在掘进至 4220 环 1.2m 处,即 T9+199.5m 处时,TBM 掘进出现异常:刀盘转动正常,但是推力达到 8000~10000kN,贯入度却急速降低至 0mm/r,掘进速度降为 0m/min。内伸缩盾拉开 20cm 后,发现在 330°~60°位置,花岗岩岩体塌落压住前盾,伸缩盾顶部有大量渣石堆积(图 4.5-4~图 4.5-7),判定为 TBM 前盾、伸缩盾被顶部楔形花岗岩体塌落卡住,导致 TBM 无法掘进。

图 4.5-4　前盾和伸缩盾顶部塌落的花岗岩体

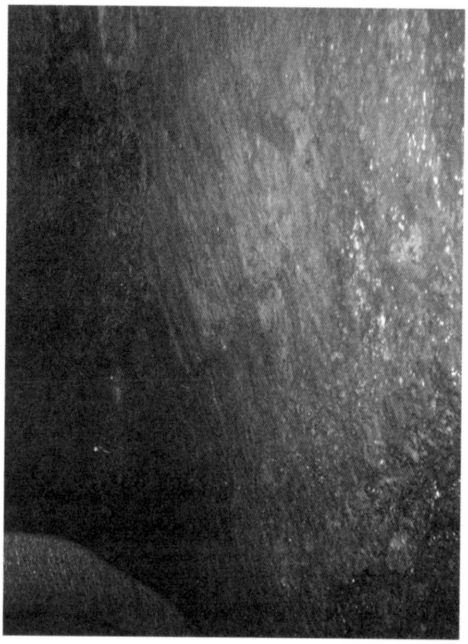

图 4.5-5　伸缩盾顶部堆满渣石碎块

图 4.5-6　前盾顶部塌落的花岗岩体

图 4.5-7　刀盘顶部形成的楔形塌落空腔

采取措施：伸缩盾区域内搭设施工平台、TBM 设备防护、化学灌浆施工、围岩清理、导洞开挖、掏渣清理、支护施工、施工排水、塌方段后期处理等。

施工过程中开挖面情状如图 4.5-8～图 4.5-11 所示。

图 4.5-8　左上侧支护

图 4.5-9　左上侧施工

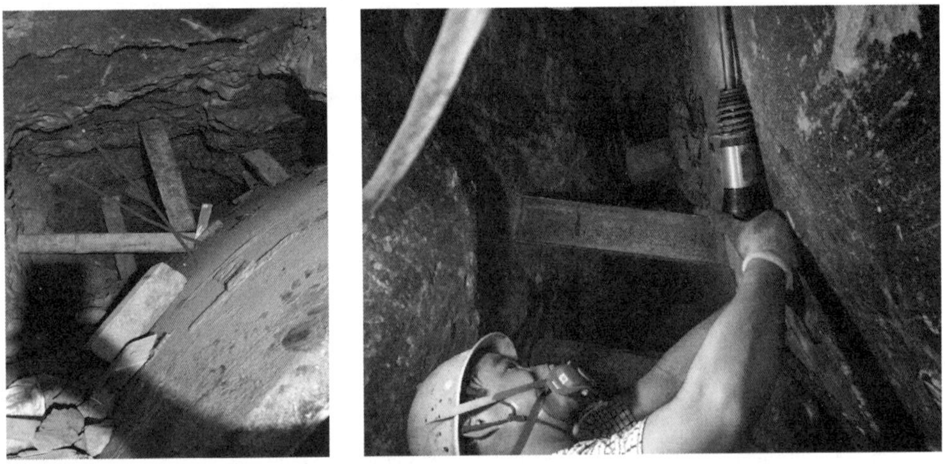

图 4.5-10　左上侧开挖

图 4.5-11　顶部开挖支护

为减小刀盘转动时对围岩的扰动，确保上半断面支护体系的整体稳定性，TBM 刀盘驱动采用变频器模式，刀盘转速取 2～3r/min。掘进以单护盾模式为主，减少撑靴油缸对围岩的扰动。掘进参数按照“低转速、低推力、低贯入度、连续掘进”的原则，结合皮带机出渣情况及时调整。整个工程先后成功完成脱困 4 次，总计用时 35d。

（2）涌水地层

兰州水源地 TBM2 标自 2016 年 3 月 9 日（桩号 T8+836.2m）开始掘进，至顺利出洞，大涌水出现 15 次，造成停机排水 3 次，共 36d。涌水是对 TBM 施工威胁最大的地质灾害之一，它流量大、压力高，具有随机性，会对掘进进度产生很大影响，对 TBM 设备电气元件也会产生致命影响。因此，必须切实做好突（涌）水的预报、防治工作。

针对涌水地层，要贯彻“先探后掘、以堵为主、堵排结合、择机封堵”的原则，并且做好以下工作：

①做好地下水的超前地质预报工作。根据设计文件做好 TBM 设备和主支洞交叉最低点排水系统布置工作，最大限度满足排水需求。地质工程师对即将遇到的较大沟谷、断裂构造带进行实地踏查，提前预判可能出现较大涌水的洞段。及时开展三维前向地震法和三维前向电阻率法探测工作，通过物探工作提前预判掌子面前方 30～100m 地下水发育情况。

②做好 TBM 设备排水系统配置，TBM 设备作为隧洞掘进的关键，其排水能力直接影响到掘进效率。增设排水管线，增加排水量。

（3）石英含量高的完整坚硬岩石

本工程中所遇黑云角闪石英片岩、花岗岩、石英闪长岩，其石英含量达 25%～50%，石英多呈粒状，粒径 1～5mm，岩石完整坚硬，围岩稳定。硬岩条件时刀盘推力 9000～12000kN，贯入度 1～5mm/rpm，掘进速度≤20mm/min，刀盘贯入度低，滚刀磨损快，同心圆沟槽清晰可见。硬岩段岩石强度高，TBM 刀具损耗大，掘进速度缓慢。

针对硬岩，采取下列技术措施：

①针对岩石单轴饱和抗压强度高（>100MPa）的特点，选择刃宽较窄、韧性更好的窄刃滚刀，以适应围岩条件的变化。

②TBM 主机操作手根据推力、扭矩、贯入度、刀盘转速等掘进参数变化，适时调整，减少刀具的意外损坏率，提高掘进效率。

③刀盘推进速度/额定速度降低到 50%，贯入度减小到 2～5mm/rpm，减少围岩作用于刀具的扭矩，禁止猛推猛打。

④及时修复刀盘磨损和刀箱裂纹，确保刀盘具有足够的刚度，刀具不因为局部刀座的裂纹而发生位移。

⑤加强刀具管理，确保用于石英含量高和单轴饱和抗压强度高地层的刀具能采用最优质的密封、合适的轴承挡环间距及合理的扭矩设置。

⑥及时更换和调整转动不灵活的刀具，确保不发生局部刀具超载。

（4）软岩收敛变形不良地层

本工程施工地层除了有石英片岩、花岗岩等硬岩地层以外，还有 2.5km 长的泥质砂岩、砂砾岩、泥岩等软岩地层，岩石单轴饱和抗压强度只有 15～30MPa。泥质砂岩和泥岩遇水崩解、泥化，砂砾岩手掰即碎，岩石稳定较差。埋深大于 450m 时，由于受地应力作用，围岩发生收敛变形,常常压住、抱住 TBM 刀盘和盾体,导致推进困难,造成卡机。

针对软岩收敛变形地层采取下列技术措施:

①施工时在边刀上加扩挖垫块,加大开挖洞径,增大围岩变形空间。

②收回 TBM 后护盾的支撑靴,采用单护盾模式掘进。进行超前钻探,查明大变形洞段的长度和性质。

③掘进时,减少 TBM 刀盘的喷水量,降低施工用水对围岩的软化程度。

④减少停机时间,连续掘进快速通过大变形围岩段。

⑤如 TBM 被卡,通过 TBM 护盾上的预留孔,向护盾上方注入润滑油脂,减小围岩对护盾的摩擦力,同时用单护盾模式加大掘进推力推进。

4.5.4 施工情况

TBM 设备生产周期 9 个月(包括部件加工制造、工厂预组装、工厂预调试、工厂验收、设备运输等),工地组装、调试、步进时间共 21d,步进 583m 进入始发洞。

设备于 2016 年 1 月 20 日到场开始组装,15d 完成了设备的整体组装。于 2016 年 2 月 4 日举行了始发仪式,2016 年 2 月 28 日正式开始掘进。2018 年 1 月 31 日完成全段贯通,总里程 12226m,其中滑行段长 1496m。期间最高日进尺 60m,最高周进尺 270m,最高月进尺 900.6m,平均月进尺 531.5m。

4.6 滇中引水工程香炉山隧洞

4.6.1 工程概况

滇中引水工程是云南省可持续发展的战略性基础工程,工程建成投入运行后可以从根本上解决滇中地区的水资源短缺问题,具有显著的经济、社会和生态效益。滇中引水工程以解决滇中地区的城镇生活及工业用水为主,兼顾农业和生态,受水区包括丽江、大理、楚雄、昆明、玉溪、红河六个州(市)的 35 个县(市、区)。隧洞总长 698km,投资 687 亿元。

滇中引水工程总干渠的首段是香炉山隧洞,自泵站出水池开始向南,经香炉山穿越崇山峻岭到达松桂镇。

香炉山隧洞跨越金沙江与澜沧江分水岭,地质条件复杂,沿线发育多条大断(裂)层,其中龙蟠-乔后、丽江-剑川及鹤庆-洱源断裂为全新世区域活动断裂。沿线可溶岩地层分布广泛,岩溶较发育。隧洞工程穿越多条大规模断层破碎带,亦可能遭遇大的岩溶管道。隧洞施工存在突水、突泥、疏干当地地下水风险。在各设计阶段,长江勘测规划设计研究院对香炉山隧洞的线路给予了高度重视,在项目建议书基础上,可研阶段初期对香炉山隧洞穿越区进行了东、中、西共 12 条线路的比选,开展了大量的线路比选专题研究工作,推荐对地下水环境影响相对较小的路线方案。

香炉山隧洞进口与石鼓泵站出水池相接,沿途经玉龙纳西族自治县白汉场、汝寒坪、中螳螂、汝南河、红麦,鹤庆县沙子坪、安乐坝、石灰窑、下马厂、松桂大沟,在鹤庆县松桂镇与衍庆村渡槽相接。汝南河槽谷以北埋深一般为 600~1000m,最大埋深约 1138m,槽谷以南埋深一般为 900~1200m,最大埋深约 1512m。隧洞起点设计水位 2035m,隧洞纵坡 1/1800。隧洞断面为圆形。

由于隧洞线路长、埋深大,经施工布置、工期影响、经济分析及环境影响等综合比较,对活动断层、软岩等不良地质段采用钻爆法施工,地质条件较好的玄武岩、灰岩、基性岩脉段采用敞开式 TBM 施工,布置 11 条施工支洞(6 条施工斜井、3 条施工平洞、1 条旁通洞、1 条通风竖井),施工工期为 96 个月。

香炉山隧洞属于滇中引水的控制性工程,线路长 62.449km,对活动断层等不良地质段,采用钻爆法施工,其余段采用 TBM 法施工。TBM 掘进段开挖断面直径 9.8m,总长 35.37km,采用 2 台 TBM 分别从 3-2 号支洞和 7 号支洞进入隧洞相向施工:TBMa 掘进长度 14.68km(DL Ⅰ16+565~23+240 和 DL Ⅰ 28+800~36+800),逆坡排水;TBMb 掘进长度 20.69km(DL Ⅰ 36+800~53+680 和 DL Ⅰ 53+985~57+795),顺坡排水。

滇中引水工程香炉山隧洞综合考虑工程地质条件、工程投资及当今施工技术水平等诸方面因素,采用钻爆法和 TBM 掘进组合施工方案。隧洞进、出口洞段和大栗树断裂(F9)、龙蟠-乔后断裂(F10)、丽江-剑川断裂(F11)、鹤庆-洱源断裂(F12)4 条区域性断裂带等不良地质洞段设置施工支洞并采用钻爆法开挖,其余地质条件较好洞段或无施工支洞布置条件段采用 TBM 掘进施工。施工方案见图 4.6-1、表 4.6-1。

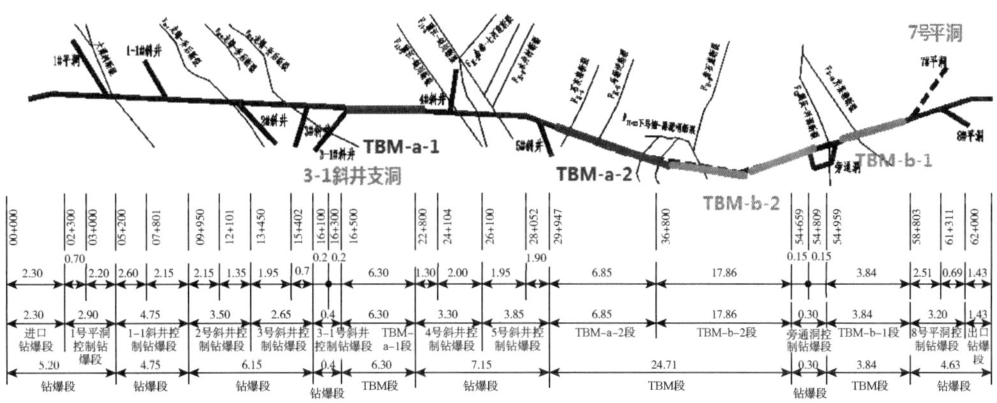

图 4.6-1　香炉山隧洞施工方案(单位:km)

香炉山隧洞施工方法分段表　　表 4.6-1

桩号(DL Ⅰ)		主洞分段长度(km)	施 工 方 法
起始	终止		
00+000	05+000	5.00	钻爆法(进口、1 号支洞共 3 个工作面)
05+000	09+500	4.50	钻爆法(1-1 号支洞共 2 个工作面)
09+500	16+565	7.07	钻爆法(2 号、3 号、3-1 号支洞共 6 个工作面)
16+565	23+240	6.68	TBM 法(TBM-a-1)
23+240	28+800	5.56	钻爆法(4 号、5 号支洞共 4 个工作面)
28+800	53+680	24.88	TBM 法(TBM-a-2 和 TBM-b-2)
53+680	53+980	0.30	钻爆法(旁通洞共 2 个工作面)

续上表

桩号(DLⅠ)		主洞分段长度(km)	施 工 方 法
起始	终止		
53+980	57+795	3.82	TBM 法(TBM-b-1)
57+795	62+449	4.65	钻爆法(8 号支洞及出口共 3 个工作面)

4.6.2 TBM 施工适应性评价

隧洞 TBM 施工的适应性主要考虑两方面地质因素:一是岩体所处的地质环境是否适宜采用 TBM 进行施工,二是岩体性状对 TBM 掘进效率的影响。

4.6.2.1 围岩地质环境评价

香炉山隧洞地质环境复杂,TBM 施工段多布置在地质条件相对较好洞段,地质环境条件总体基本适宜,但隧洞埋深大,最大埋深 1512m,除后段(TBMb-1 前段桩号 DLⅠ57+381~57+795)长约 414m、埋深小于 600m(最小埋深 454m)外,其他段埋深都在 600m 以上,约占 TBM 施工段的 99%,埋深大于 1000m 洞段长 21.217km,约占 TBM 施工段的 60%,局部洞段存在高地应力环境下的硬岩岩爆、软岩大变形、沿断裂带的高外水压力和可能的涌水突泥等不利于 TBM 施工的地质条件。

4.6.2.2 岩体性状评价

(1)岩石强度

根据香炉山隧洞区岩石力学试验成果,对硬质岩、软岩(含断层)的饱和抗压强度值进行分析,软岩组(含断层)(饱和抗压强度 1.67~26.23MPa)约占 19%,极坚硬岩组(饱和抗压强度 154~197MPa)约占 10%。综合看,岩石饱和抗压强度试验值在 30.2~149MPa 区间、适宜 TBM 施工的洞段约占 71%,岩石的强度总体适宜,有利于 TBM 高效快速施工。

从香炉山隧洞区岩石矿物组成及胶结物成分看,岩石总体硬度不大,除少量灰岩及石英含量较高的石英砂岩硬度较大外,绝大部分岩石适宜 TBM 快速高效掘进。

(2)岩石摩擦性(CAI 值)

据香炉山隧洞 TBM 掘进洞段代表性岩石的摩擦性(CAI 值)指数测试,5 组实验岩石样本中,有 2 组岩样 CAI 值分别为 0.42 和 0.36,属于低摩擦性岩石,有 3 组岩样 CAI 值在 1.2~1.6,属于具摩擦性岩石。代表性岩石具中等至低摩擦性,适宜 TBM 快速掘进。

(3)岩体完整性与围岩类别

TBM 施工隧洞段均位于微新岩带。北衙组、中窝组灰岩、白云岩等属较完整岩体;玄武岩属较完整~完整岩体,局部完整性较差;黑泥哨组、青天堡组等砂、泥页岩属较破碎~较完整岩体。

根据 TBM 施工段隧洞围岩详细分类统计(表 4.6-2):Ⅲ1 类围岩累计洞段长 5.116km,占比 14.5%;Ⅲ2 类围岩累计洞段长 10.255km,占比 29.0%;Ⅳ类围岩累计洞段长 16.108km,占比 45.5%;Ⅴ类围岩累计洞段长 3.891km,占比 11.0%。

总体看，TBM 施工段隧洞岩体完整性偏差、围岩类别总体偏低。

香炉山隧洞 TBM 掘进洞段围岩详细分类统计表　　表 4.6-2

TBM 段	长度(m)	围岩类别							
		Ⅲ1		Ⅲ2		Ⅳ		Ⅴ	
		长度(m)	占比(%)	长度(m)	占比(%)	长度(m)	占比(%)	长度(m)	占比(%)
TBMa-1	6675	—	—	1343	20.1	5332	79.9	—	—
TBMa-2	8000	2886	36.1	1445	18.1	2697	33.7	972	12.2
TBMb-2	16880	2230	13.2	5372	31.8	6889	40.8	2389	14.2
TBMb-1	3815	—	—	2095	54.9	1190	31.2	530	13.9
合计	35370	5116	14.5	10255	29.0	16108	45.5	3891	11.0

4.6.2.3 TBM 掘进洞段适宜性评价

根据《引调水线路工程地质勘查规范》(SL 629—2014)隧洞 TBM 施工适宜性判定标准，主要考虑岩体完整性、岩石强度、围岩应力环境和不良地质条件等因素。香炉山隧洞围岩分类已综合考虑以上因素，香炉山隧洞 TBM 掘进洞段地质条件适宜性分级汇总见表 4.6-3。

香炉山隧洞 TBM 掘进洞段地质条件适宜性分级汇总表　　表 4.6-3

TBM 段	长度(m)	适宜性分级长度及占比							
		适宜(A)		基本适宜(B)		适宜性差(C)		不适宜性(D)	
		长度(m)	占比(%)	长度(m)	占比(%)	长度(m)	占比(%)	长度(m)	占比(%)
TBMa-1	6675	—	—	6675	100	—	—	—	—
TBMa-2	8000	371	4.64	3666	45.83	2991	37.39	972	12.15
TBMb-2	16880	650	3.85	10908	64.62	2839	16.82	2483	14.71
TBMb-1	3815	—	—	3285	86.11	—	—	530	13.89
合计	35370	1021	2.89	24534	69.36	5830	16.48	3985	11.27

香炉山隧洞采用 TBM 施工的洞段中，TBM 地质条件适宜性评价为适宜(A)至基本适宜(B)洞段占比 72.25%，适宜性差(C)洞段占比 16.48%，不适宜(D)洞段占比 11.27%，总体情况较好，但局部洞段的渗涌水、硬岩岩爆、断裂带及软岩大变形等不利地质条件危害很大，需对适宜性差(C)及不适宜(D)洞段进行研究，并采取针对性工程应对措施。

4.6.3 大理Ⅰ段施工 3 标设计情况

滇中引水工程大理Ⅰ段施工 3 标位于云南省大理州鹤庆县松桂镇境内，线路长约 26.542km(其中 TBM 掘进总长度为 20.802km，钻爆段为 4.845km，双孔 U 形渡槽 595m)，工程地质和水文地质条件复杂。标段隧洞采用无压输水，断面为圆形，设计流量 135m³/s，设计纵坡 1/1800。线路桩号为 DLⅠ36+800～DLⅠ63+342。

(1)主体工程

香炉山隧洞主洞(桩号 DLⅠ36+800～DLⅠ62+596，长约 25.8km)主要包括：①长约5.0km

香炉山隧洞钻爆段的开挖支护、混凝土衬砌、灌浆等施工及施工期维护；②长约 20.8km 香炉山隧洞的 TBM 段掘进、支护、混凝土衬砌、灌浆等施工及施工期维护（含 TBM 设备的采购、运输、安装、调试、运维、拆卸等）。本标段主要工程如图 4.6-2 所示。

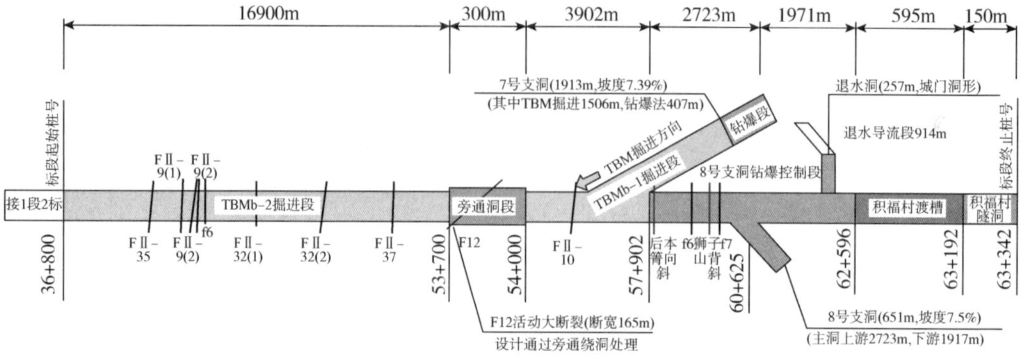

图 4.6-2　大理Ⅰ段施工 3 标主要工程示意图

（2）本标段工程地质及水文条件

隧洞位于中甸-丽江-大理地震活动带，带内活动断裂发育、地震构造复杂、强震频度较高，对应地震基本烈度为Ⅷ度。隧洞区褶皱、断裂发育，隧洞穿越规模较大断裂 12 条，其中龙蟠-乔后断裂（F10）、丽江-剑川断裂（F11）、鹤庆-洱源断裂（F12）为全新世活动断裂，隧洞穿越存在洞室抗剪断及震中区抗震的问题。隧洞区主要岩性有灰岩、玄武岩、泥页岩夹砂岩灰岩及第四系覆盖层等。

隧洞沿线地表可溶岩分布长度约 10.7km，占比约 41.5%，隧洞穿越可溶岩累计长度约 12.5km，占比约 48.4%。沿线地下水埋深多在地表以下 100～400m 范围内，局部大于 500m。隧洞深埋段地下水水头一般在 400m 以上，最大超过 1000m，存在高外水压力。

标段属深埋隧洞段，应力量级主要为中等～高地应力水平，局部极高地应力水平，部分地下水贫乏、岩体完整深埋洞段存在中、强岩爆风险。隧洞穿越泥质岩和泥页岩等地层及断裂破碎带等软岩洞段存在挤压大变形问题。

本标段 TBM 主要穿越玄武岩组玄武岩，北衙组、中窝组灰岩及白云岩，青天堡组、黑泥哨组砂泥岩等。根据隧洞围岩详细分类统计：本标段 TBM 施工段Ⅲ1 类围岩累计洞段长约 2.6km，Ⅲ2 类围岩累计洞段长约 6.6km，Ⅳ类围岩累计洞段长约 8.5km，Ⅴ类围岩累计洞段长约 3.2km，其岩体完整性偏差、围岩类别总体偏低。TBM 掘进段围岩类别比例如图 4.6-3 所示。

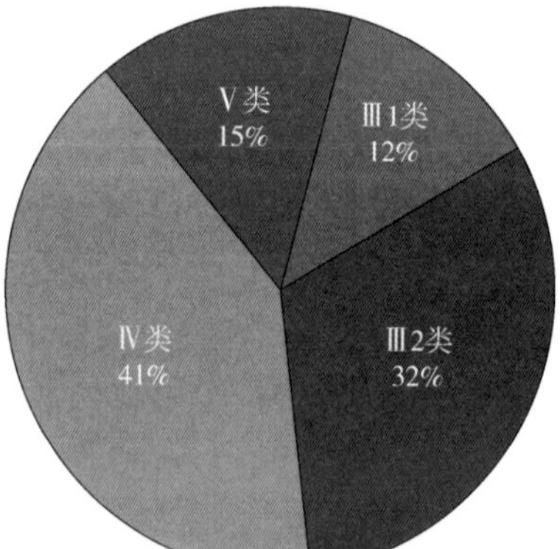

图 4.6-3　大理Ⅰ段施工 3 标 TBM 掘进段围岩占比图

（3）本标段特殊地质

标段内区域性大构造 2 处，断裂破碎带 12 条，较大可岩溶突泥涌水段 2 段（长约 12km），软岩大变形、岩爆、高外水压力及浅埋洞段累计长度 28km。施工区段经统计共有 12 类不良地质，合计 67 段，详见表 4.6-4。

本标段主要不良地质统计汇总表　　表 4.6-4

不良地质	位置桩号	地质风险评价	长度(m)	距 7 号支洞距离(m)
1.褶皱构造	DL Ⅰ 58+019	构造稳定性差	—	—
	DL Ⅰ 59+284	构造稳定性差	—	—
2.断裂破碎带	DL Ⅰ 40+602~40+647	高外水压力、严重变形	45	17255
	DL Ⅰ 41+902~41+953	高外水压力、极严重变形	51	15949
	DL Ⅰ 42+392~42+569	高外水压力、涌水、突泥、严重变形	177	15333
	DL Ⅰ 42+682~42+723	高外水压力、涌水、突泥、严重变形	41	15179
	DL Ⅰ 42+880~42+890	风险较小	10	—
	DL Ⅰ 45+222~45+293	高外水压力、涌水、突泥、严重变形	71	12609
	DL Ⅰ 48+159~48+279	高外水压力、涌水、突泥、严重变形	120	9623
	DL Ⅰ 51+159~51+249	高外水压力、极严重变形	90	6653
	DL Ⅰ 53+713~53+878	活动大断裂,高水压、极严重变形,抗断风险	165	4024
	DL Ⅰ 55+524~55+617	涌水突泥、严重变形	93	2285
	DL Ⅰ 58+850~58+855	坍塌、变形	5	953
	DL Ⅰ 59+500~59+508	风险较小	8	1606
3.涌水突泥	DL Ⅰ 36+800~40+602	涌水量较大,风险中等	3802	17300
	DL Ⅰ 40+646~41+420		774	16482
	DL Ⅰ 53+934~55+472	可溶岩段,存在突(涌)水可能;风险较小	1538	2430
	DL Ⅰ 55+667~58+655		2988	753
	DL Ⅰ 58+691~60+108		1417	2206
	DL Ⅰ 60+395~61+224		829	2493
	DL Ⅰ 61+535~62+449		914	3633
	DL Ⅰ 42+392~42+882	突(涌)水、突泥的可能性小;风险一般~中等	490	15020
	DL Ⅰ 45+172~45+343	具有一定的导水性,会产生较大规模突发性涌水突泥等;风险中等~较大	171	12559
	DL Ⅰ 48+110~48+230		120	9672
	DL Ⅰ 53+664~53+934	具有一定的导水性,会产生较大规模突发性涌水突泥等;风险较大	270	3968
	DL Ⅰ 55+472~55+667	发生突(涌)水、突泥的可能性小;风险一般	195	2235
	DL Ⅰ 55+667~57+796	水文地质问题不突出;风险一般~中等	2129	106
	DL Ⅰ 58+691~59+786	水文地质问题不突出;风险一般~中等	1095	789
4.软岩大变形	DL Ⅰ 40+603~40+658	严重变形	55	17244
	DL Ⅰ 41+610~42+056	极严重变形	446	15846
	DL Ⅰ 42+392~42+912	严重变形	520	14990

续上表

不良地质	位置桩号	地质风险评价	长度(m)	距7号支洞距离(m)
4. 软岩大变形	DL Ⅰ 45+222~45+320	严重变形	98	12582
	DL Ⅰ 48+159~48+299	严重变形	140	9603
	DL Ⅰ 51+159~53+247	极严重变形	2088	4655
	DL Ⅰ 53+714~53+952	极严重变形	238	3950
	DL Ⅰ 55+525~55+616	严重变形	91	2286
	DL Ⅰ 58+655~58+691	中等变形	36	753
	DL Ⅰ 60+113~60+256	轻微变形	143	2211
	DL Ⅰ 61+118~61+542	基本稳定	424	3216
	DL Ⅰ 61+649~62+060	轻微变形	411	3747
5.岩爆	DL Ⅰ 37+859~38+565	中等岩爆	706	19337
	DL Ⅰ 40+658~40+983	强烈岩爆	325	16919
	DL Ⅰ 40+983~41+424	中等岩爆	441	16478
	DL Ⅰ 53+247~53+714	中等岩爆	467	4188
6. 高外水压力	DL Ⅰ 38+565~40+603	外水压力 1.64~2.74MPa	2038	17299
	DL Ⅰ 40+603~40+647	外水压力 2.26~2.73MPa	44	17255
	DL Ⅰ 41+902~42+882	外水压力 1.86~2.59MPa	980	15020
	DL Ⅰ 42+882~45+222	外水压力 0.86~2.22MPa	2340	12608
	DL Ⅰ 45+222~45+293	外水压力 2.78~3.36MPa	71	12609
	DL Ⅰ 45+293~48+159	外水压力 1.01~2.42MPa	2866	9743
	DL Ⅰ 48+159~48+279	外水压力 3.02~3.65MPa	3120	9623
	DL Ⅰ 48+279~51+160	外水压力 1.22~2.75MPa	2881	6742
	DL Ⅰ 51+160~51+247	外水压力 3.44~4.13MPa	87	6655
	DL Ⅰ 53+714~53+878	外水压力 2.28~2.75MPa	164	4024
7.边坡失稳	隧洞出口	边坡稳定性差	—	—
8.含煤、膨胀土特殊岩土	DL Ⅰ 41+767~41+902	洞室稳定问题突出,存在有毒有害气体与腐蚀性地下水问题;全强风化泥页岩与地表残积黏土具弱~中等膨胀性	135	16000
	DL Ⅰ 51+785~53+247		1462	4655
	DL Ⅰ 60+107~60+257		150	2355
	DL Ⅰ 61+211~61+565		354	3663
9.隧洞浅埋段及穿越覆盖层洞段	DL Ⅰ 61+158~61+449	隧洞成洞困难,可能产生冒顶和地表水灌入问题	291	整个香炉山隧洞出口段
	DL Ⅰ 61+617~61+793		176	
	DL Ⅰ 62+290~62+350		60	
	DL Ⅰ 62+430~62+449		19	
	DL Ⅰ 60+238~60+397		159	
	DL Ⅰ 61+221~61+377		156	
	DL Ⅰ 61+688~61+753		68	

续上表

不良地质	位置桩号	地质风险评价	长度(m)	距 7 号支洞距离(m)
10.高地温	有温泉沿鹤庆—洱源断裂出露	出露温泉水温 30.5℃,井温测试总体地温水平偏于正常	—	—
11.有毒有害气体	DL Ⅰ 41+767~41+902	瓦斯气体	135	同 8.含煤、膨胀土特殊岩土
	DL Ⅰ 51+785~53+247		1462	
	DL Ⅰ 60+107~60+257		150	
	DL Ⅰ 61+211~61+565		354	
12.高地震烈度	—	地震基本烈度为Ⅷ度,存在发生 7 级左右强震可能,存在高地震烈度抗震问题	—	—

(4)本标段对 TBM 的特殊要求

①由于存在软岩大变形问题,本标段要求刀盘直径具备长距离连续扩挖 300mm 的能力,并且主洞段不具备开挖支洞的条件。这是在以往的工程中不曾出现的特殊要求,也是对设备制造单位提出的新要求。

②本标段Ⅳ、Ⅴ类围岩占比高达 56%,掘进时支护量大。高强度支护工程量与 TBM 掘进效率的匹配将是施工的难点,支护工程量将成为影响进度的核心关键因素。

③作为中国直径最大的隧洞(截至 2019 年),本标段 TBM 设备已确定由中铁工程装备集团有限公司设计制造,预计 2019 年 10 月完成设计制造,将于 2019 年 12 月完成工地的组装和步进工作。

4.6.4　TBM 针对性设计

(1)软岩大变形的针对性设计

①大扭矩设计。采用 14 组 400kW 的变频电机驱动,额定扭矩达到 15719kN · m,脱困扭矩达到 23579kN · m,确保在软岩大变形地层刀盘具备强大的脱困能力。

②扩挖设计。设计最大扩挖量为半径方向 15cm,能够确保在大变形地层预留一定的间隙释放应力,防止盾体被卡住。

(2)岩爆的针对性设计

①利用微震监测系统对围岩工程动力型灾害进行 24h 不间断检测,对岩爆进行预测分析,为检测范围内岩体稳定性评估、岩爆灾害等级预警提供依据(图 4.6-4)。

②在设备上强化初期支护系统,设置防护棚保护施工人员及设备(图 4.6-5)。

(3)断裂破碎带的针对性设计

①三维地震波地质预报系统(图 4.6-6)对掌子面前方 100m,左右、上下各 20m 的范围进行监测。

②配备超前管棚钻机(图 4.6-7),实现掌子面正前方及斜上方的岩体加固。

(4)突泥涌水的针对性设计

①采用激发极化法地质预报系统(图 4.6-8),利用多同性源阵列,实现掌子面前方 30m 内水体的三维成像定位。

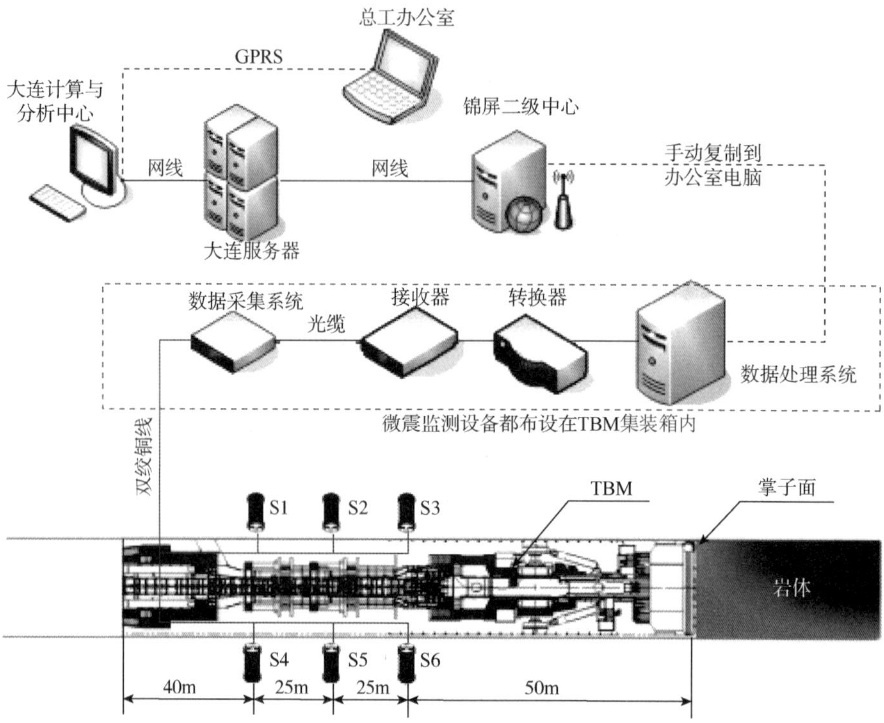

图 4.6-4　TBM 岩爆监测预警图

图 4.6-5　岩爆防护

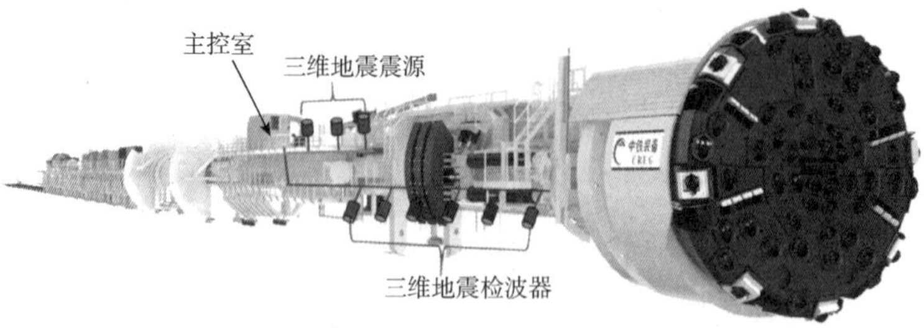

图 4.6-6　三维地震波地质预报系统

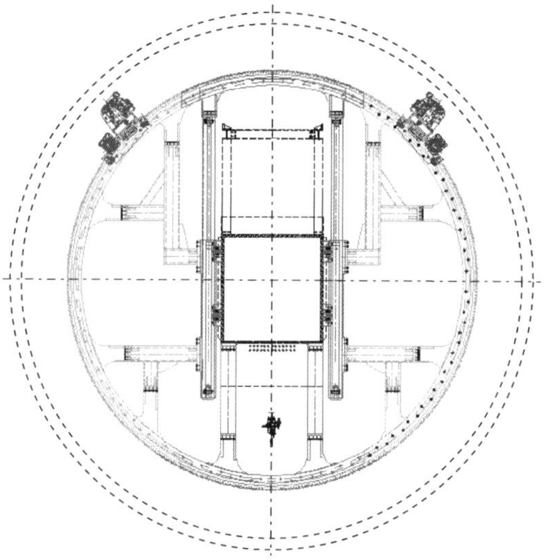

图 4.6-7　超前钻机安装断面图

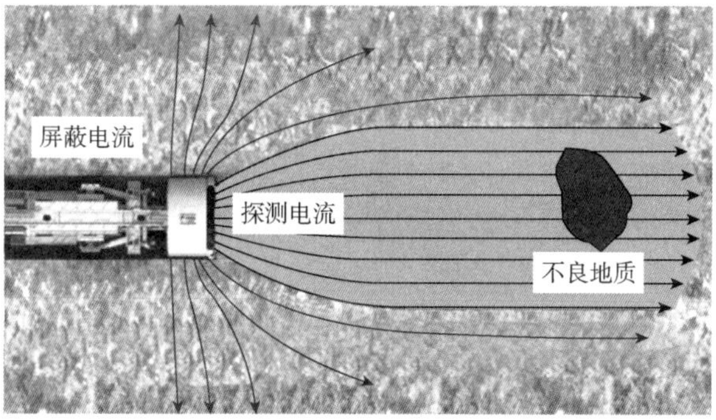

图 4.6-8　激发极化法原理示意图

②关键部件的电气防护等级为 IP67;配置应急排水系统,如图 4.6-9 所示。

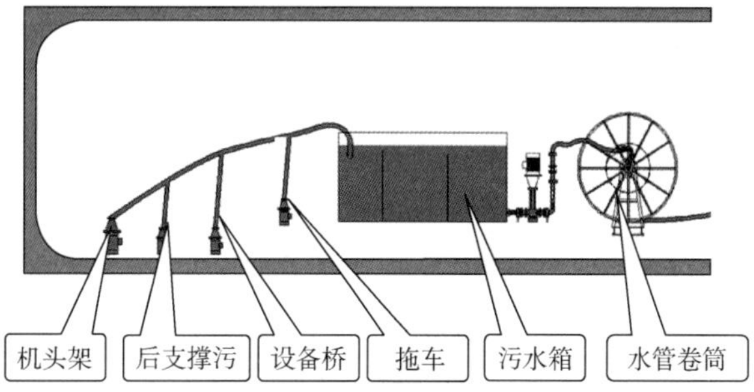

图 4.6-9　TBM 排水示意图

(5)高地热的针对性设计

采用知名品牌的通风设备,增大通风量,确保施工通风和降温效果满足施工要求。大功率电机采用水冷方式。配备制冷系统,保障洞内温度适宜(图 4.6-10)。

图 4.6-10　制冷器及制冷机组实物图

4.7　黎巴嫩工程

4.7.1　工程概况

黎巴嫩政府同世界银行签署协议，由世行向黎政府提供 2 亿美元贷款以资助其总预算为 3.7 亿美元的大贝鲁特供水项目。本工程由意大利 CMC 公司承建施工，隧道施工部分分为 3 个标段，总长度为 22.7km，采用 TBM 法施工；埋管铺设施工部分总长度 9km，采用明挖法施工。本工程隧道施工所用设备为中铁工程装备集团有限公司提供的两台 ϕ3.53m 凯式 TBM，其中 1 台负责隧道1 段、隧道 3 段，另一台负责隧道 2 段隧道开挖。工程位置及施工范围划分见图 4.7-1。

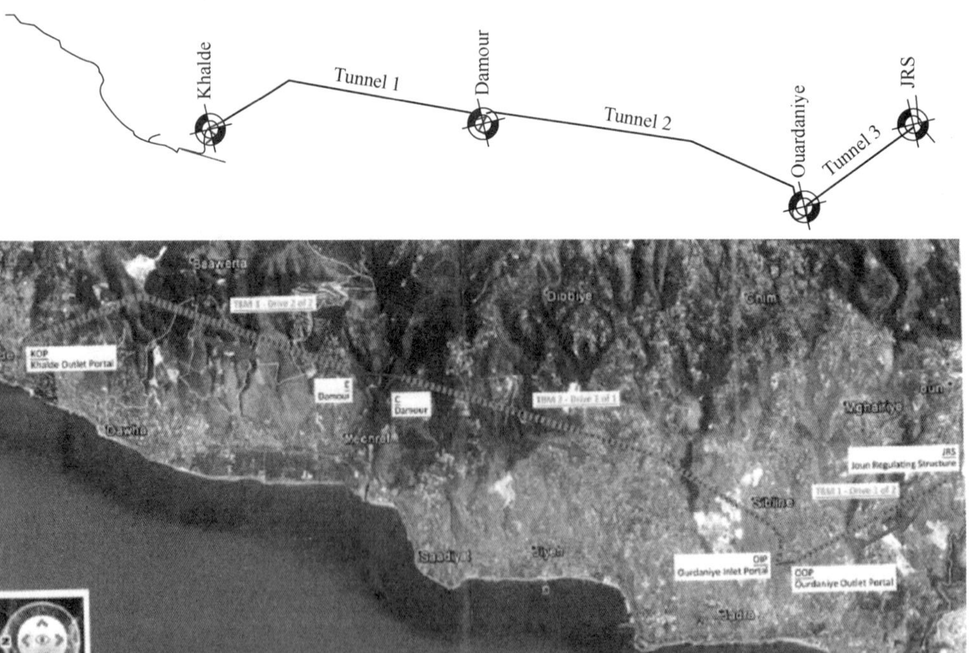

图 4.7-1　工程项目位置及施工范围划分

4.7.2　工程设计情况

隧道经过地层岩石主要为森诺曼阶和土伦阶(早白垩世)石灰岩、白云灰岩和白云岩,绝大部分岩石为坚硬或者中等坚硬,硬度约为 80MPa,其中有一部分(5%)为非常坚硬或者极为坚硬,抗压强度约为 130~170MPa。

4.7.3　工程施工情况

TBM1 号段(中铁 237 号)施工段为隧道 3 标段、隧道 1 标段,隧道 3 标段长度 4110m,隧道 1 标段长度 8184m。隧道 3 标段于 2016 年 8 月 3 日始发掘进,2017 年 5 月 5 日完成掘进贯通。经过 2 个月的拆机、转场,隧道 1 标段于 2017 年 8 月开始掘进,至 2018 年 11 月完成掘进 7854m,剩余 330m 由于 CMC 公司资金问题工程暂停。

TBM2 号段(中铁 238 号)施工段为隧道 2 标段,隧道长度 10351m,于 2016 年 9 月 9 日开始分体始发,2018 年 3 月 2 日完成掘进贯通。

TBM 施工用水由项目自建水井提供,进行简单处理后储存于洞口上部山坡水罐中,利用自然水压将水输送至 TBM 上。

TBM 供电由几个发电机组并联发电后升压至 35kV,再将高压输送至 TBM 上,日常停机保养或需长时间停机时,由电工对洞口发电机投放数量进行控制。

施工场地布置见图 4.7-2。

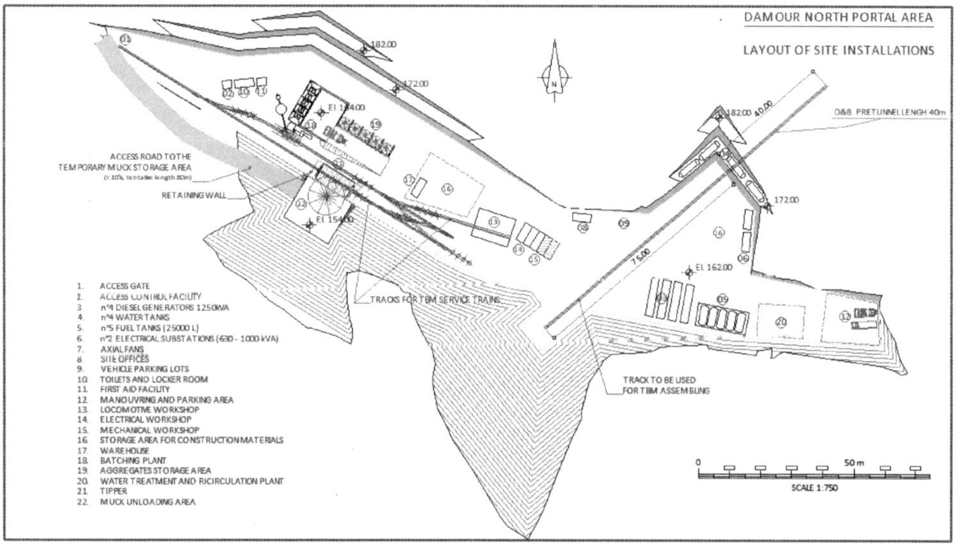

图 4.7-2　施工场地布置

4.7.4　主要不良地质及处理措施

本工程位于地中海东岸,山体海拔较高,隧道埋深整体较浅,因此在隧道施工中基本不存在涌水、岩爆等问题,主要地质问题是掘进过程中出现大量风化严重的破碎地段及溶洞、空腔地质。

施工中主要应用的地质预报方式为 TSP 超前预报系统(图 4.7-3)。TSP 超前预报系统的原理是基于对地震波信号的发射和信号的接收来完成的,操作时在 TBM 后方一定距离内布置一定数量的钻孔,再在钻孔中进行微型爆破产生声波信号,爆破的地震波在岩体内以波的形式向四周传播,其中传向隧道前方的地震波在遇到岩性变化时将反射回来,通过接收和分析反射波算出反射信号的空间位置以及与隧道的相对位置,从而确定反射界面的距离及空间夹角。在 TBM2 号段中由于地质较好仅做过几次预报,在 TBM1 号段施工中由于钻机对底部钻孔深度无法达到要求,其底部预报结果基本不准确,上部预测结果基本准确,为后续施工起到了一定的预测作用。

TBM1 号段施工由于埋深较浅,遇到局部风化破碎情况较多,一般采用网片+拱架+喷浆的方式进行处理(图 4.7-4),可以应对绝大部分施工情况。设备空间较小,在主机部位进行拱架安装时得益于凯式 TBM 主机上部空间较大的优点,才能顺利实施,但在将拱架材料运输至前部区域时由于空间限制只得依靠人工进行。

图 4.7-3　采用 TSP303 进行现场地质预报作业

图 4.7-4　常规支护作业

TBM1 号段在 2018 年 3 月 20 日施工时突遇掌子面前方出现空腔,停机检查后发现刀盘前方是一个长度约 30m 的较大空腔。经过项目技术部门现场检查讨论后,决定人工从 TBM 两侧进行扩挖进入前方空腔,对空腔进行支护、临时喷锚灌浆处理,然后 TBM 步进通过本段区域,最后进行整体衬砌处理,总计耗时一个半月。空腔处理施工现场见图 4.7-5。

图　4.7-5

图 4.7-5　空腔处理施工

4.8　圣哥达基线隧道工程

4.8.1　工程概况

圣哥达基线隧道项目包括两条平行的 57km 长的单线主隧道、联络通道(每 325m 一个)、出入口隧道及竖井。主洞隧道直径分别为 8.83m(考虑到大变形,施工第二段扩大为 9.43m)和 9.58m。隧道总长度达 151.84km,北起 Erstfeld,南至 Bodio,最大坡度 0.7%。圣哥达基线隧道项目还包括两个多功能车站(Sedrun 站和 Faido 站)。这两个车站把整个隧道在长度上大致分为三等份。每个车站包含应急停靠站及两条渡线。圣哥达基线隧道平面布置见图 4.8-1。

圣哥达基线隧道作为截至 2018 年世界上最长的、埋深最大的铁路隧道,地处阿尔卑斯山脉中部,为典型高山河谷地貌,地表终年积雪,河流湖泊众多,水量丰富。隧道最大埋深达 2300m,其中,有 5km 长度埋深超过 2000m,有超过 20km 长度埋深超过 1500m,有 35km 长度埋深超过 1000m,不管是对于开挖还是支护都是严峻的挑战。隧道主要穿越三个构造带,从北往南分别为 Aar 山脉、哥达山脉和彭尼尼克片麻岩带,在构造带之间的是沉积层。隧道全线共穿越约 90 个断层,主要岩石为花岗岩、片麻岩、千枚岩、角砾岩、片岩、大理石、白云石。岩石最大单轴饱和抗压强度高达 250MPa。圣哥达基线隧道地质剖面见图 4.8-2。

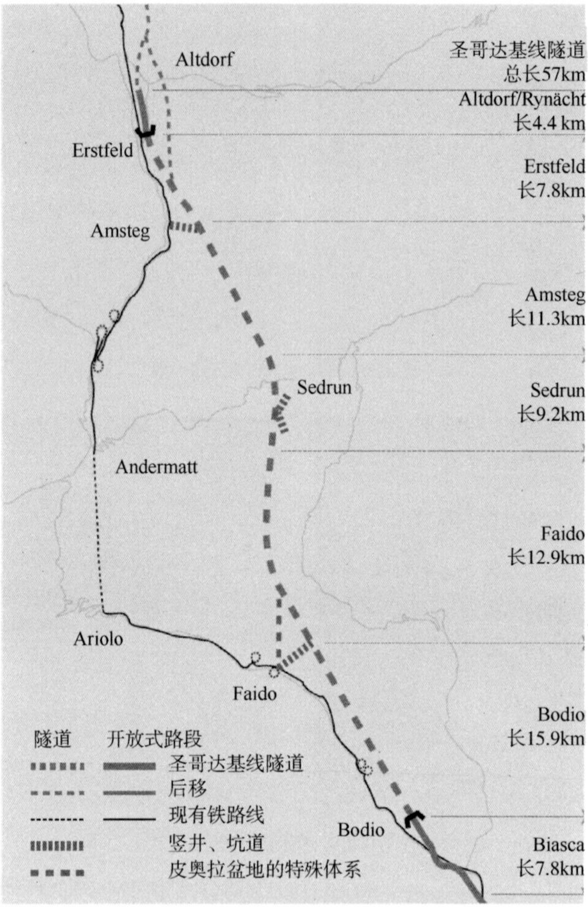

图 4.8-1　圣哥达基线隧道平面布置图

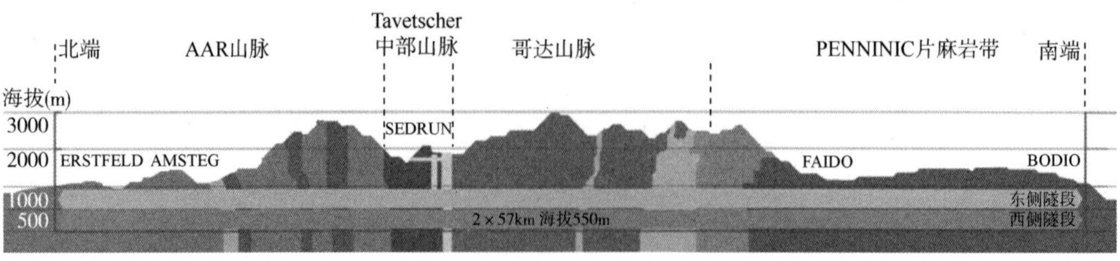

图 4.8-2　圣哥达基线隧道地质剖面图

Sedrun 区间最困难的地段是上图中的 Tavetscher 过渡层，它由多层软硬交替的地层以接近 90°的夹角与隧道洞线相交，具有极强的收敛挤压特性，长度超过 1200m。Faido 区间最困难的地段是靠近多功能车站一端的过渡段，此处有一个很深的向斜以及 Piora 盆地（该盆地由密集的片岩和千枚岩交叠挤压而成)。在项目的初始阶段,分别在 Tavetscher 过渡层和 Piora 盆地做了大量的地质勘探工作,持续了 8 年时间。

圣哥达基线隧道 TBM 施工面临的主要地质风险有:

①岩爆。由于隧道埋深大,坚硬、脆性岩层比例高且长度大,岩爆的烈度和范围均是史上未有的。

②挤压、收敛变形。在高埋深下的断层或软弱岩层,收敛变形量超过 1m。

③不良地层及涌水。剪切带、接触带、断层、过渡带等不良地质段数量多、范围大,开挖面和洞壁的稳定性差,涌水量大。最大的断层宽度预计超过 1km,涌水量达 175L/s,水压可能超过 25MPa。

④围岩的磨蚀性强、刀具消耗大。岩石磨损率(CAI 值)普遍超过 5.0;不良地层与洞身的夹角一般大于 70°,开挖困难,刀具异常消耗和损坏大。

⑤掘进距离长、岩温高。独头掘进距离长,达 15.9km,岩温最高 46℃,隧道通风、降温难度大。

⑥瓦斯。隧道局部区域存在瓦斯等有毒有害气体的风险。

4.8.2 TBM 施工设计

施工工法区间划分见图 4.8-3,把两个多功能车站设在地质最差的两个地方,通过支洞采用钻爆法开挖,并用钻爆法尽可能开挖车站两端的不良地层段,让 TBM 滑行通过。

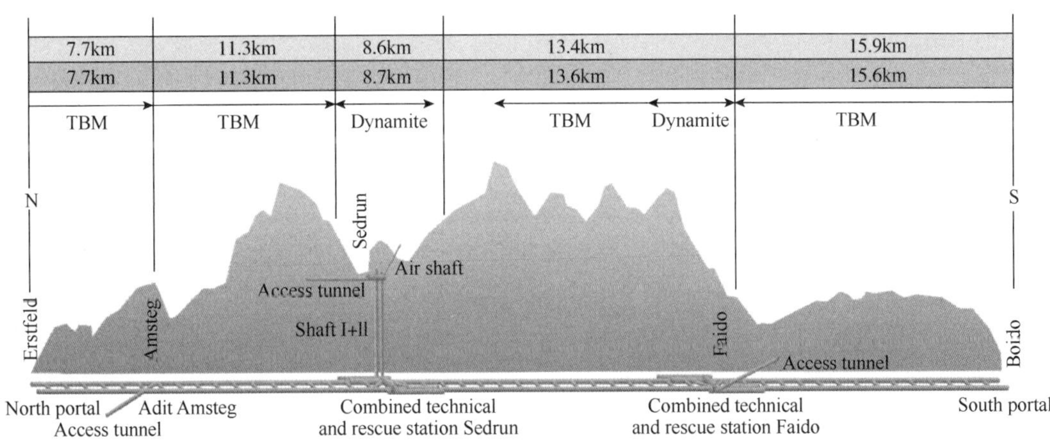

图 4.8-3　施工工法区间划分

本项目采用了 4 台敞开式硬岩 TBM,开挖直径为:S-229\S-230,9.58m;S-210\S-211,8.83m(考虑到大变形,在 TBM 施工第二段把开挖直径扩大为 9.43m),并采用超前钻探作为超前地质预报措施。

4.8.3 主要不良地质及处理措施

(1)角砾岩破碎带

S-210\S-211 从圣哥达隧道南端的 Bodio 始发,仅掘进了 200m 就遭遇了角砾岩破碎带。一方面,围岩露出盾体后需要马上进行支护,否则就会发生坍塌,另一方面,疏松的围岩不能为撑靴提供足够的支撑力。通过超前小导管等灌浆方式加固顶拱地层、支钢拱架、浇筑撑靴位置围岩等措施，两台 TBM 花了 6 个多月的时间穿过了这一长 400m 的破碎带。

(2)卡机

TBM 刀盘和盾体多次被收敛、坍塌、挤入的围岩卡住，施工人员从护盾顶拱后部向前，在盾体和刀盘上部人工开挖围岩，释放刀盘和盾体。随后安装钢拱架转移围岩载荷、用喷射混凝土封闭围岩表面后 TBM 通过，见图 4.8-4。

图 4.8-4　安装钢拱架转移围岩载荷

(3)高压水

Piora 盆地是一个漏斗形构造，充满糖粒状白云岩和水，深达山脉岩层。1996 年，勘探隧道到达断层带，发现松散的岩粒承受着约 15MPa 的巨大压力，混有白云岩的混浊水柱从山中喷射而出，淹没了大面积的区域。勘探人员随后从勘探隧道向主洞打了 19 个排水斜孔，用来排出主洞区域的地下水。在 TBM 接近这一区域前 100m 时，施工人员决定停机对前方的地下水做最后的确认。他们在 TBM 护盾后方顶部扩挖出一个空间，并安装了一台可以承受最大水压高达 25MPa 的钻机对前方 300m 的地层进行取芯钻探。通过观察岩芯、分析温度和观测物探结果得出结论：由于 Piora 盆地底部石膏岩封闭作用和勘探钻孔排水作用，隧道前方没有大量的承压水。于是施工人员继续边超前钻孔排水、堵水边掘进，经过 2 个多月时间，穿过了这一区域。

(4)突泥

S-230 在处理 Intschi 断层时发生突泥突水，在清理隧道内的泥渣后仍然无法释放刀盘，施工方不得不使用水泥和膨润土注入刀盘前方加固，同时从东线打了一条 50m 的导洞进入 S-230不稳定区前方反向接应挖掘。在加固了不稳定地段后从前方拆下刀盘，清理了盾体和刀盘后重新始发，总计停机处理时间为 5 个月。

(5)岩爆

圣哥达基线隧道全长 57.1km，隧道最大埋深达 2300m，其中，有 5km 长度埋深超过 2000m，有超过 20km 长度埋深超过 1500m，有 35km 长度埋深超过 1000m。实测地应力最高超过 50MPa，属于岩爆高风险地区。在完整性好的地层中进行 TBM 施工时，岩爆发生概率极大(图 4.8-5)。

在这样的背景下,圣哥达基线隧道项目经过长期的研究和积累,对岩爆进行了明确的分类,同时对每一级岩爆的判定和处理措施也制定了相应的标准。

图 4.8-5　圣哥达隧道项目岩爆

岩爆共分为 4 级:

①E 级岩爆

判定标准:发出声音,掉落小的碎片;岩石内部有小的爆裂、撞击,发出爆裂声。

处理措施:通知值班经理和现场掘进经理;加强指形护盾上的保护措施;在每日工作日志上记录观察到的现象。

②BS1 级岩爆

判定标准:压力引起岩石剥落,剥落厚度达到 5cm,并伴随出现尘云。

处理措施除了 E 级岩爆的外,还需要:检查、调整锚杆参数(类型、长度、数量、形式、锚杆垫板),调整局部钢拱架的使用及间距;检查中空预应力锚杆的使用情况;测试行程长度是否合适。

③BS2 级岩爆

判定标准:在没有支护的区域,隧洞拱腹或掌子面由于应力引起岩石掉落或裂开;大块不规则岩石掉落,伴随着大量噪音;刀盘前面的掌子面岩石掉落有可能影响生产。

处理措施除了 BS1 级岩爆的外,还需要:加强针对岩爆的支护;安装弹性顶部锚杆系统;全范围安装钢筋网;L1 区喷混凝土;使用 TH 型钢拱架。

④BS3 级大岩爆

判定标准:大的巨响伴随岩石爆炸;隧道拱腹突然出现岩块掉落冲击并伴随巨响(支护和未支护区域都有);支护材料被损坏(喷射混凝土裂缝,顶部锚杆断掉,钢拱架变形等)。

处理措施除了 BS2 级岩爆的外,还需要:减小掘进行程长度;安装 TH 型钢拱架,并采用最小榀距,结合使用顶部锚杆(最好使用中空预应力锚杆);考虑是否钻孔释放地应力。

(6)挤压、收敛和大变形

本项目在高埋深下的断层或软弱岩层,收敛变形量可能超过 1m。在 Faido-Sedrun 区间,隧道的开挖直径不得不从正常的 8.83m 增加到 9.43m,同时刀盘还具备半径 100mm 的扩挖能力。

圣哥达基线隧道采用了 TH 型钢拱架支护系统,每环钢拱架由 8 段组成,内外环段交叠后通过螺栓压紧的卡箍形成一个完整的钢拱架环(图 4.8-6)。对围岩的支撑力通过两段之间的卡箍产生的摩擦力实现。如果围岩产生的挤压力超过支撑力,内外环间的摩擦力被克服而相对滑动,在跟随围岩变形缩小的同时,保持对围岩一定的支撑力。

实践证明,这一支护系统非常成功,不但解决了挤压变形的破坏性问题,其安装效率也极高,最快时安装一环的时间约 25min。TH 柔性钢拱架支护系统见图 4.8-7。

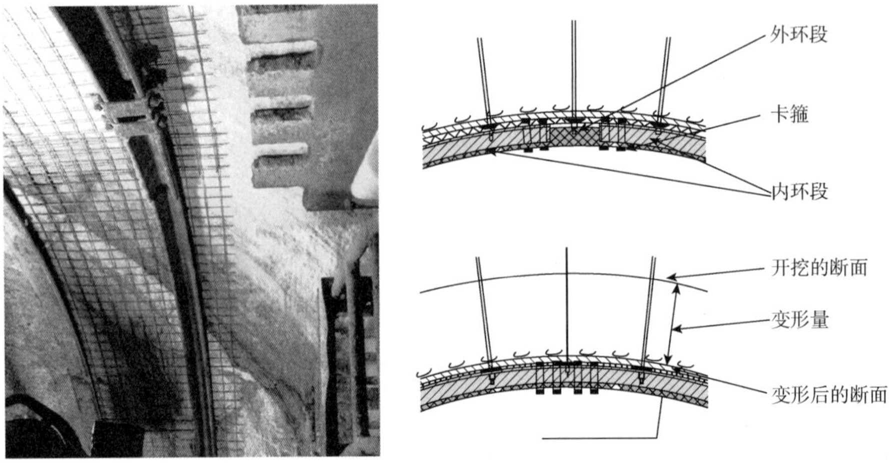

图 4.8-6　采用 TH 型钢拱架应对围岩大变形

图 4.8-7　TH 柔性钢拱架支护系统

4.8.4　TBM 施工情况

S-210 于 2003 年 1 月开始从 Bodio 向 Faido 掘进，于 2006 年 9 月完成第一段 13069m 的掘进。在 Faido 经过约 6 个月的维修改造，把开挖直径增加到 9.43m 后，于 2007 年 7 月开始从 Faido 向 Sedrun 掘进，于 2010 年 10 月完成第二段 10678m 的掘进。

S-211 于 2003 年 2 月开始从 Bodio 向 Faido 掘进，于 2006 年 10 月完成第一段 14099m 的掘进。同样在 Faido 经过约 6 个月的维修改造，把开挖直径增加到 9.43m 后，于 2007 年 10 月开始从 Faido 向 Sedrun 掘进，最终于 2011 年 3 月完成第二段 10538m 的掘进。

S-229 于 2003 年 10 月开始从 Amsteg 向 Sedrun 掘进，于 2006 年 6 月完成第一段 10725m 的掘进。在 Sedrun 拆机、维修并转场后，于 2008 年 1 月开始从 Erstfeld 向 Amsteg 掘进，于 2009 年 6 月完成第二段 7200m 的掘进。

S-230 于 2004 年 1 月开始从 Amsteg 向 Sedrun 掘进，于 2006 年 10 月完成第一段 10703m 的掘进。在 Sedrun 拆机、维修并转场后，于 2008 年 4 月开始从 Erstfeld 向 Amsteg 掘进，最终于 2009 年 9 月完成第二段 7200m 的掘进。

4.8.5　圣哥达基线隧道 TBM 施工总结

四台 TBM 的单台综合月进尺为 201.45m。

圣哥达基线隧道 TBM 施工的主要经验教训有：

①要针对最可能的地质优化 TBM。

②确保 TBM 能够应对最坏的情况(不必要求效率)。

③采用的撑靴式 TBM 需要足够的灵活性。

④在 L1 区喷射混凝土是必要和可行的，但主要喷射混凝土作业在 L2 区。

⑤锚杆需要尽可能地靠近掌子面。

⑥TBM 施工中连续超前钻探非常有用(低成本，不耗费时间)。

⑦在困难的地质条件下，现场需要有能力的工作人员(包括承包商、设计单位以及业主)，并且需要快速做出决定，保证 TBM 运行。

⑧物料运输非常重要，尽可能地减少其他作业。

⑨分析数据，积累经验。

4.9　巴基斯坦 N-J 引水隧洞工程

4.9.1　工程概况

巴基斯坦 N-J 引水隧洞为两条平行隧洞，隧洞净间距 25m，掘进段隧洞最大埋深约 1870m，设计开挖直径为 8.5m，设计纵坡为 0.65%，采用两台 TBM 自下向上逆坡掘进，单台 TBM 掘进长度分别为 10432m(2 号 TBM)、9893m(1 号 TBM)。

TBM 工区穿过高山区域(低 Murree 组、晚古新世至始新世)，主要地质类型为褶皱沉积层序，该层序受构造运动影响严重，均受到较轻程度的变质作用影响。TBM 掘进段沿线主要地质构成为砂岩、页岩以及泥岩三类岩石的互层。

TBM 隧洞段实际揭露围岩类别统计情况见表 4.9-1。

TBM 隧洞段实际围岩类别汇总表　　　表 4.9-1

<table>
<tr><th>类别(Q 值)</th><th>长度(m)</th><th>隧洞总长(m)</th><th>比率(%)</th></tr>
<tr><td>Q2</td><td>22</td><td rowspan="4">10427</td><td>0.2</td></tr>
<tr><td>Q3</td><td>3621</td><td>35</td></tr>
<tr><td>Q4</td><td>6563</td><td>63</td></tr>
<tr><td>Q5</td><td>222</td><td>2</td></tr>
</table>

施工过程遇到的地质问题主要有高地应力岩爆、软岩大变形、剪切破碎带、软硬岩互层频繁和高地温。

4.9.2　TBM 设计概况

本工程选用两台敞开式 TBM，开挖直径 8.53m，TBM 全长 190m。其中，主机长 25m，连接桥及后配套台车(1~7 号)长 165m。

4.9.3 主要不良地质及处理措施

(1)岩爆

N-J 项目 TBM 施工段自 2014 年 3 月首次发生岩爆至贯通,双洞 TBM 累计发生不同规模岩爆 1202 次,其中造成设备损坏或人员受伤的中等~强岩爆共计 9 次(其中,1 号 TBM3 次,2 号 TBM6 次)。岩爆现场照片见图 4.9-1、图 4.9-2。

图 4.9-1 岩爆的冲击力导致已支护洞壁发生大面积坍塌

图 4.9-2 岩爆后的 L1 区破坏严重

施工过程中采取的泄压释能和支护措施有:以加强快速支护为主,预防为辅,围岩出露护盾后,及时进行加强支护和喷水,支护措施为采用水胀式锚杆+钢筋网片+喷射混凝土+钢拱架。

在硬质岩长度大于 10m 洞段,顶拱 120°范围布设 ϕ76mm 的钻孔,孔深 25~30m,间距 2.0~2.5m,钻孔完成后注水软化,对出露围岩喷水软化。

项目引入微震监测系统,对岩爆孕育过程和潜在岩爆等级进行预判,并据此优化岩爆段的支护设计。依据岩爆预报情况,采取工程处理措施和支护体系,加强隧洞初期支护强度(L1 区强化喷护+TH 梁+防爆网片+拱腰额外增加随机锚杆等),通过一系列工程措施防范岩爆,保障设备、施工人员的安全。

在后期的开挖支护中,为确保 TBM 机上人员、设备的安全和平衡掘进效率,保持整个支护体系的连续性,TBM 均采用强支护模式,并根据实施效果逐渐加大 TH 梁间距和减小初喷混凝土喷护厚度。在日均喷护 120m^3 和 9 榀 TH 梁的高强度施工下,实现了岩爆段综合平均日进尺 9m/d。

(2)大变形

本项目中未出现因软岩大变形造成 TBM 卡机或无法掘进的情况,仅发生局部软岩破碎带变形超过 30cm 的情况,造成支护面受挤压出现局部侵限。TBM 设备设计中考虑了收敛变形的影响因素,后配套直径小于主机直径约 1m。遇到此类情况,均实施连续快速掘进+L1 区及时支护封闭,以控制变形和防范卡机。如确有局部变形导致 L1 区喷护面影响 TBM 后配套通过,采用人工凿除影响区喷护混凝土后再封闭岩面的办法通过。

(3)断层破碎带

桩号 14+088.59~14+076.19 段以砂岩、泥岩互层结构及粉砂质泥岩为主,夹泥质粉砂岩、粉砂岩和泥岩,完全劈理化的泥岩软岩在地下水作用下软化、泥化,呈软塑状态,围岩呈散体结构(图 4.9-3),无自稳条件,故发生连续塌方。

通过在护盾顶部人工开挖小导洞来脱困。刀盘前上方采用 2~4 层直径 28mm 自进式锚杆配合直径 60mm 钢管组成复合管棚进行超前加固(图 4.9-4)。管棚孔距 20~50cm,靠近刀盘的一层管棚采用化学灌浆(聚亚胺胶脂材料),上面的 2~3 层管棚采用水泥灌浆加固。使用风镐及自制工具在护盾顶部开挖城门洞形小导洞,导洞高约 1.9m,每循环开挖深度约 0.4m。

图 4.9-3　劈理化泥岩

图 4.9-4　利用自进式锚杆+钢管作为超前管棚

2013 年 11 月 16 日,2 号 TBM 在尝试转动刀盘后成功脱困。为避免出现大面积顶拱软弱围岩的塌落造成 TBM 再次卡机,恢复掘进后,2 号 TBM 采用连续超前小管棚+滑槽钢板+TH 梁@ 0.4m+L1 区全断面喷护封闭,对位于断层和剪切破碎带的易变形塌落、无自稳性岩体形成了连续有效的约束。

(4)高地温

在埋深 850~1500m 洞段测得的地温在 41~44℃。因敞开式 TBM 的特性,在 TBM 施工过程中各种设备的运行和喷护所产生的热量会使掌子面至 L2 区的温度增加 2~3℃。

为了将 TBM 施工作业环境温度控制在 28℃以内,在机头后 75m 左右处安置两套通风冷却装置,该装置由风机和冷却电机组成,总功率 300kW。视地温情况开启 1 台,或 2 台同时开启。运送冰块放置于各施工作业区域。对 TBM 冷却供水管线进行保温处理,避免因沿线高地温导致进水温度上升而无法起到给 TBM 降温的作用。

4.9.4　TBM 施工情况

两条 TBM 施工隧洞,Ⅱ类围岩月平均进度指标 350m/月,Ⅲ类围岩月平均进度指标 308m/月,Ⅳ类围岩月平均进度指标 270m/月,Ⅴ类围岩月平均进度指标 135m/月。